W0239776

Verlag Podszun-Motorbücher GmbH
Elisabethstraße 23-25, D-59929 Brilon
Herstellung Druckhaus Cramer, Greven
ISBN 3-86133-302-3

Titelfotos: Thomas Reinwald (oben links), Manfred Nabinger (oben rechts und unten)
und Ulf Böhringer (Rückseite)

Jahrbuch 2003
Motorräder

PODSZUN

Liebe Leserin, lieber Leser!

Wir freuen uns sehr, Ihnen wieder eine bunte Mischung unterschiedlicher Themen rund um das Hobby Motorrad anbieten zu können. Dank gilt allen Autoren und Bildgebern, die in den letzten Monaten engagiert und mit Tempo gearbeitet haben, damit dieses Jahrbuch rechtzeitig zur Frankfurter Buchmesse 2002 erscheinen kann. Abbildungen, die nicht von den Autoren stammen, sind übrigens jeweils mit dem Namen des Bildgebers gekennzeichnet.

Damit die Autoren nicht nur als pure Namen erscheinen, hier das Wichtigste in aller Kürze. Manfred Nabinger ist freier Journalist und schreibt unter anderem für die Zeitschrift "Oldtimer-Markt". Auch als Buchautor zum Thema Motorräder hat sich Manfred Nabinger einen Namen gemacht. In unserem Verlag sind mehrer Bücher von ihm erschienen (siehe Seite 143). Ebenfalls kein Unbekannter in der Motorszene ist der Diplom-Ingenieur Achim Bischof aus Potsdam, der bereits mehrere Artikel für unsere Jahrbücher verfasst hat. Ulf Böhringer betreibt ein Redaktionsbüro und versorgt mehrere Publikationen, unter anderem die „Süddeutsche Zeitung", mit Berichten und Tests über Motorräder. Thomas Reinwald ist freier Autor und hat bereits vier Bücher über Motorrad-Historie verfaßt (siehe auch Seite 143). Ein bekannter Experte in Sachen Opel ist Jürgen Nöll, Mitglied des Vorstandes des renommierten Veteranen-Fahrzeug-Verbandes e.V.

Ihnen, liebe Leserin, lieber Leser, wünschen wir viel Vergnügen mit dem Jahrbuch und nicht vergessen: das nächste Jahrbuch, die Ausgabe 2004, ist im Oktober 2003 erhältlich. Falls Sie selbst einmal für das Jahrbuch zur Feder greifen möchten, seltenes Bildmaterial zur Verfügung stellen können, Kritik oder Anregungen anbringen möchten, schreiben Sie uns an untenstehende Adresse. Wir freuen uns auf den Kontakt mit Ihnen.

Ihr Redaktionsteam "Jahrbuch Motorräder"

P.S.

Sie können das Jahrbuch in Buchhandlungen oder direkt beim Verlag auch abonnieren. Von den Ausgaben 1998, 2000, 2001 und 2002 sind noch einige Exemplare lieferbar. Fordern Sie unser kostenloses Gesamtverzeichnis an mit Büchern über Motorräder, Autos, Traktoren, Feuerwehrfahrzeuge, Lastwagen, Lokomotiven und Baumaschinen: Verlag Podszun-Motorbücher, Elisabethstraße 23-25, D-59929 Brilon, Fax 02961 / 2508, Email verlag.podszun@t-online.de

Motorrad-Neuheiten des Jahres 2002

Weniger Gewicht, mehr Power

von Ulf Böhringer

Das Jahr 2002 scheint für die Motorradindustrie in Deutschland kein ganz einfaches zu werden: An zwei vom Volumen her rückläufige Jahre wird sich wohl ein drittes mit erneut sinkenden Zulassungszahlen anschließen. Darauf lassen jedenfalls die Daten schließen, die bis Redaktionsschluss vorlagen und den Zeitraum bis Ende Mai umfassen. Ende Mai sind erfahrungsgemäß zwei Drittel des Gesamtabsatzes gelaufen, und was da nicht abgesetzt wurde, kann normalerweise nicht mehr aufgeholt werden. Das bedeutet, dass für 2002 mit einer Absatzzahl von unter 150 000 neuen Motorrädern zu rechnen ist – verglichen mit dem Rekordjahr von 1999 mit einem Absatz von fast 190 000 Einheiten bedeutet das einen Rückgang von gut 20 Prozent.

Der Absatz geht weiter zurück

Die Gründe dafür sind mannigfaltig: Zum einen dauert kein Boom unendlich lange – und die in Deutschland beobachtete Zweirad-Hausse hatte schließlich zwischen 1990 und 1999 alljährlich für neue Rekorde gesorgt. Zum anderen präsentierte sich ja auch die gesamtwirtschaftliche Lage zumindest während des ersten Halbjahres 2002 nicht gerade rosig. Dass die Debatte um die künftige Besteuerung von Motorrädern noch immer nicht beendet ist, führt ebenfalls zu Kaufzurückhaltung. Auch die Einführung des Euro dürfte das Ihre zur Situation beigetragen zu haben: Weniger frei verfügbares Einkommen zehrt immer an den Luxusgütern. Als solche sind zumindest die hubraumstarken Bikes zweifellos zu bezeichnen, und sie stellen in Deutschland den Löwenanteil der verkauften Motorräder.

BMW 1150 GS Adventure

Suzuki DL 1000 V-Strom

Honda Pan European

Leistung ist beliebt wie nie zuvor

Das ist leicht erkennbar, wenn man den Gesamtmarkt in Segmente aufteilt. Beliebt ist in Deutschland vor allem, was mächtig Leistung hat. Erstmals stellt nämlich die Gruppe jener Motorräder mit mehr als 73 kW (100 PS) Leistung die höchsten Zulassungszahlen – und es ist die einzige Gruppe, bei der es (mit einem Plus von 13,2 Prozent gegenüber dem Vorjahr) auch noch ein Wachstum gibt! Aktuell besitzt ziemlich genau jedes dritte in Deutschland neu zugelassene Bike einen Motor mit mindestens 73 kW Leistung. Die Klasse von 58 bis 72 kW, im vergangenen Jahr noch an der Spitze, ist auf Platz zwei (Anteil: knapp 28 Prozent) zurückgefallen. Mit einem Anteil von knapp 22 Prozent ist auch noch die nächst kleinere Klasse (38 bis 57 kW) relativ bedeutsam; alle anderen Klassen spielen keine nennenswerte Rolle mehr.

Größere Verschiebungen offenbart die Statistik, wenn man den Hubraum betrachtet. So sind im bisherigen Jahr 2002 vor allem Motorräder mit 750 bis 999 Kubikzentimeter Hubraum stärker gefragt als im Vorjahr; hier verzeichnet man ein Plus von 16 Prozent und einen Anteil von nunmehr knapp 30 Prozent. Deutlich geringer ist der Zuspruch für die noch 2001 meistgefragte Gruppe der Motorräder von 500 bis 749 Kubik (wobei ja zumeist die scharfen 600 Supersportler den Ton angegeben haben): Hier gibt es ein Minus von 20 Prozent, und die „dicken Öfen" mit über einem Liter Hubraum sind den Mittelklässlern schon ganz hart auf den Fersen. Der Unterschied beträgt gerade einmal 52 Fahrzeuge oder 0,06 Prozent! Dass diese Entwicklung eine ziemlich unmittelbare Folge der Neuheitenpräsentationen für 2002 ist, lässt sich besser nachvollziehen, wenn dargestellt ist, welche Neumodelle zum Kampf um die Kunden angetreten sind.

Das Ende der Münch Mammut

Zwar hat die Vielfalt des Motorradangebotes auch 2002 wieder zugenommen, doch gilt es auch von einem plötzlichen Ende zu berichten: Die Münch Mammut 2000, die schon im Jahr 2000 als stärkstes und teuerstes Serienmotorrad der Welt auf die Straßen rollen sollte, hat nur eine minimale Stückzahl erreicht. Ende Juni wurde ihre Produktion gestoppt: Die Herstellung war in Folge großer zeitlicher Verzögerungen so teuer geworden, dass noch nicht einmal der hohe Stückpreis von 86 000 Euro auch nur annähernd kostendeckend gewesen wäre. Nur fünf Motorräder mit dem zwei Liter großen Turbomotor (Leistung: 260 PS, Drehmoment 380 Nm) sind in Kundenhände gelangt. Auch wenn die Welt vielleicht nicht auf ein Motorrad wie dieses gewartet haben mag – schade ist es irgendwie doch, dass der Münch-Mythos aus den siebziger Jahren nicht wieder zum Leben erweckt werden konnte.

In die Trends des Jahres 2002 hat die Münch Mammut freilich nicht wirklich gepasst, denn die Entwicklungsingenieure in Japan, Deutschland, Amerika und Italien haben ihre Akzente bei den Punkten Leistungssteigerung, Gewichtsminimierung, Komforterhöhung und Sicherheitsgewinn sowie Umweltfreundlichkeit gesetzt. Das gilt für so gut wie alle neuen Motorradmodelle der Saison 2002. Rund 30 Fahrzeuge hat die Zweiradindustrie neu entwickelt oder zumindest grundlegend überarbeitet. Die wirklichen Highlights der Saison kommen mit der neuen Harley-Davidson V-Rod und der Buell XB9R Firebolt aus den USA, mit der BMW F 650 CS aus Deutschland und mit den beiden Honda-Modellen Pan European und VFR aus Japan.

Generell läuft die Entwicklung weiterhin in verschiedene Richtungen: Ein starker Trend zeigt sich in einer anhaltenden Verfeinerung des Tourenmotorrad-Angebotes, zugleich werden die supersportlichen

Honda Pan European

Yamaha TDM 900

Yamaha TDM 900

Motorräder immer leichter und leistungsfähiger. Die echten Neuheiten beschränken sich – Ausnahme: BMW – ausschließlich auf die Klasse ab 1000 Kubikzentimeter Hubraum oder über 100 PS. Zurückhaltender sind die Motorradhersteller aus Fernost – Ausnahme: Honda – dafür in punkto Bremsentechnologie und Abgasreinigung: Der G-Kat tut sich weiterhin schwer, das ABS nicht minder.

Touren-Motorräder

Eine vollkommene Neuheit im Suzuki-Programm und ein auf Grund seiner technischen Daten viel versprechendes Motorrad ist die Suzuki DL 1000 V-Strom. Das Einliter-V2-Triebwerk der ersten „Suzi" mit geregeltem Kat leistet in dieser auf den Straßenbetrieb ausgerichteten Reise-Enduro 72 kW/98 PS. Der Preis der V-Strom beträgt 9 990 Euro. Im praktischen Betrieb blieb die Suzuki allerdings hinter den hohen Erwartungen zurück: Insbesondere ihr im unteren Drehzahlbereich recht unkultivierter Motor enttäuschte.

Eine Variante des in Deutschland in den beiden letzten Jahren meistverkauften Motorrads, der Reise-Enduro R 1150 GS (10 700 Euro), bringt BMW: Die den Beinahmen „Adventure" tragende Version zeich-

Honda VFR

net sich durch enormen Fernreise-Appeal mit größeren Federwegen, Stollenreifen und auf Wunsch ein sehr voluminöses Gepäcksystem aus. Der Adventure-Preis liegt bei 11 200 Euro.

Einen riesigen Schritt nach vorne hat vor allem Honda mit der vollkommen neuen Pan European gemacht. Sie ist dank Alu-Rahmen und viel Feinarbeit nahezu 15 Kilo leichter als das Vormodell und besitzt jetzt einen 1261 Kubikzentimeter großen V4-Motor mit G-Kat. 126 PS versprechen zügiges Reisen. Kombi-Bremssystem und ABS sind Serie, zahlreiche, von BMW erstmals entwickelte Ausstattungsdetails wie ein elektrisch justierbares Windschild oder eine höhenverstellbare Sitzbank gehören ebenfalls zum Serienstand. Der Preis von 15 990 Euro liegt allerdings mehr als 1 800 Euro über dem des Vormodells.

Auch Yamaha hat im Touringbereich nachgelegt: Aus der beliebten TDM 850, einer frechen Mischung aus Allrounder, Funbike und Reisemotorrad, wurde durch mehr Hubraum die TDM 900. Eine elektronische Einspritzung samt Dreiwege-Kat verfeinert das jetzt 86 PS leistende Zweizylinder-Triebwerk; neu sind auch der Alu-Rahmen, das Sechsganggetriebe sowie Räder und Bremsen. Die jüngste und auch klar beste TDM kostet 9 590 Euro.

Der einzige vollverkleidete Mittelklasse-Tourer des gesamten Marktes, die Honda Deauville, wurde für 2002 durch den Einbau eines serienmäßigen Kombinations-Bremssystems und einige Änderungen am Gepäcksystem erheblich aufgewertet; der aktuelle Preis beträgt 7 990 Euro.

Sporttourer

Unter den Sporttourern ragt Hondas VFR heraus: Erstmals bei einem sportlich zu nennenden Motorrad aus Japan hat sich der Hersteller entschlossen, ein ABS einzubauen. Eine weitere Novität auf dem Motorradsektor ist eine elektronische Ventilsteuerung nach Pkw-Vorbild für mehr Kraft bei niedrigen und mittleren Drehzahlen. Der G-Kat ist, wie schon bisher, Standard für den 782-cm^3-V4-Motor mit 109 PS. Ein speziell für die VFR entwickeltes Gepäcksystem macht das seit Jahren als gelungenes Sport- und Touringbike bekannte und jetzt 11 490 Euro (ABS plus 750 Euro) kostende Modell noch reisetauglicher.

Ebenfalls in die Kategorie Sporttourer gehört die Kawasaki ZZ-R 1200; sie basiert auf dem schon lange Jahre angebotenen Modell ZZ-R 1100. Auch hier haben sich die Techniker Gedanken um den besseren

Honda VFR

Gepäcktransport gemacht; die Änderungen des 11 995 Euro kostenden Bikes betreffen insgesamt mehr die Optik als die Technik.

Aufgefrischt hat auch BMW den Boxer-Sporttourer mit dem Modellkürzel RS: Die R 1150 RS besitzt gegenüber dem Vormodell R 1100 RS einen vergrößerten, leistungsfähigeren und durchzugsstärkeren Motor mit jetzt 70 kW/95 PS, ein deutlich verbessertes Bremssystem und eine optimierte Verkleidung. Sie kostet 11 700 Euro.

Allround-Bikes

Ein in jeder Hinsicht starkes Stück ist die neue Honda Hornet 900; sie besitzt einen 109 PS leistenden Vierzylindermotor und zeichnet sich durch spielerisches Handling aus. Der Preis von 8 790 Euro wird von den Wettbewerbern als Kampfpreis empfunden. Viel Hubraum und ein hohes Drehmoment, aber eine relativ bescheidene Maximalleistung zeichnen die neue Yamaha BT 1100 Bulldog aus: 65 PS aus 1100 Kubikzentimeter sprechen für ordentliche Durchzugskraft. Ein Charakteristikum dieses 8 580 Euro kostenden Motorrads ist der Kardanantrieb. Die BT 1100 ist eines der wenigen neuen Mehrzylinder-Modelle,

Kawasaki VN 1500 Mean Streak

BMW R 1150 RS

Honda Hornet 900

Yamaha BT 1100 Bulldog

Sachs b 805

deren Leistung nicht im 100-PS-Bereich liegt. BMW als in den letzten Jahren erfolgreichster europäischer Hersteller bringt mit der einzylindrigen F 650 CS Scarver eine absolute Neuheit und zielt damit auf ein jüngeres Publikum. Als „Weltneuheit" bezeichnet BMW die Kombination einer Alu-Einarmschwinge mit einem wartungsfreien und komfortablen Zahnriemenantrieb. Einzigartig ist auch das Gepäcksystem der Scarver: Eine wannenartige Vertiefung vor dem Fahrer bietet Platz für diverse Stauraum-Konzepte. Überzeugen kann nicht nur der 37 kW/50 PS leistende Motor, sondern auch das Fahrwerk: Es gibt nur wenige Bikes, die sich agiler und leichter um Kurven aller Art fahren lassen. Der Scarver-Preis beträgt 7 370Euro.

Die weiteren deutschen Hersteller backen momentan noch kleine Brötchen: Sachs aus Nürnberg nutzt den auf der Intermot 2000 mit der Studie Beast verzeichneten Rückenwind und hat deshalb das Modell Roadster 800 schnell zum Beast-Derivat hochgestylt. Als b-805 kostet das mit futuristischer Frontpartie aufwartende Bike 8 647 Euro. Wer mit dieser Sachs unterwegs ist, merkt beim Ampelstopp und an der Tankstelle schnell, dass das Frontdesign dieses Motorrades für großes Aufsehen sorgt.

Ein 2002er Modell, aber schon im Herbst 2001 auf die deutschen Straßen gekommen, ist mit der Suzuki GSX 1400 der hubraumgrößte Vierzylinder-Allrounder. 78 kW oder 106 PS sind zwar nicht die Welt, doch das immense Drehmoment macht die 1400er zur wahren Schub-Karre. 9 530 Euro sind der Preis für ein höchst ausgewogenes und trotz beträchtlicher Masse leicht zu handhabendes Fahrzeug. Gerade einmal 50 Euro billiger ist mit der Yamaha XJR 1300 der unmittelbare Wettbewerber; für diese Saison wurden einige Fahrwerks-Modifikationen vorgenommen. Nur geringfügig überarbeitet wurde auch das Yamaha-Erfolgsmodell FZS 600 Fazer; das Agilitäts-Wunder kostet jetzt 7 130 Euro.

Sportler

Neu von Honda ist die sechste Generation des Asphalt-Brenners Fireblade; der Vierzylinder-Motor besitzt jetzt 954 Kubikzentimeter Hubraum und leistet samt G-Kat 110 kW/150 PS. Das Gewicht des High-Tech-Racers konnte um zwei Kilo reduziert werden. Der neue Preis: 12 590 Euro, das ist ein Plus von 325 Euro. Tiefgreifend überarbeitet hat Honda auch den Supersport-Ableger der Firestorm; das Zweizylin-

BMW F 650 CS Scarver

Suzuki GSX 1400

Yamaha FZS 600 Fazer

Honda Fireblade

Honda VTR 1000 SP-2

Kawasaki ZX-12R

Buell XB9R Firebolt

Yamaha XJR 1300

Mondial Piego

der-Bike heißt jetzt VTR 1000 SP-2. Das Fahrwerk wurde um 2,5 Kilo erleichtert, die Leistungsentfaltung des 135 PS starken Motors verbessert. Der Preis für viel Detailpflege: 14 590 Euro, gegenüber der SP-1 ein Plus von 460 Euro. Kawasaki überarbeitete seine drei Supersportmodelle der Ninja-Baureihe mit 600, 900 und 1200 Kubikzentimeter in punkto Handling, Leistung und Gewicht. Lohn der Mühe ist jetzt bei der ZX-12R vor allem ein verbessertes Handling; die Leistung liegt nach wie vor bei 178 PS. Die Preise der neuen Modelle betragen 9 195 bis 13 595 Euro.

Yamaha hat seinen Supersportler R1 in allen wichtigen Details tiefgreifend überarbeitet; so wurde der Motor von Vergaser- auf Einspritzbetrieb umgestellt, die Leistungskurve gipfelt in 152 PS. Lohn aller Mühen ist nach Herstellerangaben ein besseres Handling und ein reduziertes Gewicht. Der Preis der aktuellen R1 beträgt 12 590 Euro.

Der US-Hersteller Buell, Tochterfirma von Harley-Davidson, bringt mit der XB9R Firebolt ein Modell, das gleich in drei Punkten konstruktive Weltneuheiten aufweist: So ist der Alu-Rahmen zugleich Benzintank, die Alu-Schwinge dient gleichzeitig als Motoröl-Reservoir und die Vorderbremse ist als Zero Torsional Load Bremse ausgelegt; darunter ist eine schwimmend gelagerte, am äußeren Speichenende unmittelbar an der Felge angebrachte Bremsscheibe mit dem immensen Durchmesser von 375 Millimetern zu verstehen. Buell verspricht für das mit einem neu entwickelten, 92 PS leistenden Einliter-Motor ausgerüstete „Sportfighter"-Bike eine direktere Übertragung der Bremskräfte auf Felge und Reifen. Die neue Buell kostet 11 439 Euro und überzeugte bei der Fahrpräsentation mit einem sehr handlichen, aber dabei nicht nervösen Fahrverhalten.

Wie die Buell gehört auch die aktualisierte Triumph Speed Triple in die Kategorie der so genannten „Streetfighter". Bei ihr gibt es einen Leistungszuwachs von 108 auf 120 PS, Sekundärluftsystem und G-Kat gehören – bei Triumph fast schon selbstverständlich – dazu. Diverse Fahrwerksmodifikationen sollen gesteigerter Handlichkeit dienen. Der Preis beträgt 10 732 Euro.

Ducati baut den vergangenes Jahr nur für Rennzwecke konstruierten, 998 Kubikzentimeter großen und mindestens 130 PS leistenden Testastretta-Motor jetzt in die 996er-Modellreihe ein, weshalb die optisch unveränderte Typenreihe nun 998 heißt. Es gibt drei verschiedene Versionen, die sich in der technischen Ausstattung, dem Modellkürzel und im Preis unterscheiden; die Spanne reicht von 15 800 bis 27 000 Euro.

Zu den supersportlichen Modellen gehört auch die Anfang 2002 fahrfertig präsentierte und mittlerweile in wenigen Exemplaren ausgelieferte Mondial Piego. Dabei handelt es sich um die Re-Vitalisierung des Namens Mondial, in den fünfziger Jahren mehrfacher WM-Titelträger, danach aber sanft entschlafen. Die Piego wird in Kleinstserie gebaut und kostet an die 50 000 Euro.

Cruiser

Die Nachfrage nach Cruiser-Motorrädern ist in den letzten beiden Jahren drastisch zurückgegangen; auch die Modellneuheiten für das Jahr 2002 sind spärlich. Triumph hat das in diesem Jahr vorgestellte Retro-Bike „Bonneville" zum Cruiser umgerüstet und „Bonneville America" getauft. Der 800-cm³-Motor leistet 61 PS, das Gewicht des mit schräger Gabel und vorverlegten Fußrasten ausgestatteten Modells liegt bei etwa 250 Kilogramm, der Preis beträgt 8 446 Euro.

Aprilia Atlantic 500

Triumph Bonneville Amerika

Suzuki AN 650 Burgman

Neu von Kawasaki ist die 72 PS leistende Modellvariante Mean Streak des langjährig bekannten Cruisers VN 1500. Mit dem 11 995 Euro kostenden Bike hängt sich der kleinste der japanischen Produzenten an den Trend der Power-Cruiser an, wie ihn 2001 Honda mit der 92 PS starken VTX vorgezeichnet hat. Auch Harley-Davidson reitet mit der neuen V-Rod – sie besitzt einen bei Porsche entwickelten und 117 PS leistenden, wassergekühlten 1100er V2-Motor – auf dieser Welle. Das 20 058 Euro kostende , im coolen Metallic-Look auftretende Bike ist fraglos das im Jahr 2002 auf den Straßen am meisten Aufsehen erregende neue Motorrad.

An Rennsport-Erfolge früherer Jahre knüpft die Harley-Davidson XL 883 R an; das der Sportster-Reihe zugehörige, 7 946 Euro kostende Modell wird aber trotz seiner „Racing"-Bezeichung kaum einen Fahrer überfordern.

Roller

Mit dem Maxi-Scooter AN 650 Burgman von Suzuki wird bei den Kraftrollern die Hubraumspirale – sie endete bisher bei 600 Kubik – auf einen neuen

Peugeot Elystar

Höchststand getrieben; erstmals gibt es hier eine wahlweise auch manuell schaltbare CVT-Getriebeautomatik. Angesichts eines Preises von 8 765 Euro und eines Leergewichtes von 270 (!) Kilogramm wird sich dieses erst im Sommer zu den Händlern gekommene Suzuki-Modell wohl nur schwerlich zum Verkaufsrenner entwickeln.

Neu auf die Straßen kommen dieses Jahr aber auch zwei italienische Maxi-Scooter: Der Aprilia Atlantic 500 besitzt wie der Piaggio X9-500 einen 30 kW/39 PS leistenden Einzylindermotor und ebenfalls eine Kombi-Bremse für Vorder- und Hinterrad. Der Preis für den Atlantic liegt bei 6 999 Euro, der für den X9-500 – er sollte eigentlich bereits letztes Jahr ausgeliefert werden – beträgt 7 160 Euro.

In die große Hubraumklasse drängt auch der italienische Hersteller Malaguti, dessen Produkte in Deutschland von Sachs vertrieben werden. Das Modell Madison K 400 weist einen vom Motorenhersteller Morini bezogenen Einzylindermotor mit knapp 400 Kubikzentimetern auf; die Leistung beträgt 23 kW/31 PS. Die Produktion ist bereits im Frühjahr angelaufen, der Export nach Deutschland sollte Mitte des Jahres beginnen; der Preis dürfte bei rund 5 500 Euro liegen.

Bei den Leichtkraftrollern wird für diese Saison ebenfalls vorrangig Suzuki aktiv: Die Japaner weiten ihre erfolgreiche Burgman-Reihe um ein 125er Modell aus; es überzeugt sowohl durch seine Linienführung wie auch durch die gegebene Funktionalität. Insbesondere gefallen kann das sehr große Staufach unter dem Sitz; es bietet Platz für zwei Integralhelme. Der UH 125 Burgman kostet 3 590Euro.

Auch Peugeot hat sich für 2002 etwas Neues einfallen lassen: Das Modell Elystar – in verschiedenen Hubraumstufen zwischen 50 und 150 Kubikzentimetern erhältlich – dürfte insbesondere als 125er gefragt sein. Kennzeichen des stolze 4 245 Euro kostenden Leichtkraftrollers ist neben dem Einspritztriebwerk das elektro-hydraulische Bremssystem; es weist die Merkmale eines Kombinations-Bremssystems sowie einer Antiblockierregelung für das Vorderrad auf.

Blick auf das Jahr 2003

Beim Ausblick auf 2003 zeichneten sich bereits im Sommer 2002 die ersten Modellneuheiten ab. So wird BMW sein Boxer-Modellprogramm durch die R 1200 CL erweitern. Dabei handelt es sich um eine Mischung aus Cruiser und Tourer zum Preis von

Yamaha R1

Yamaha R1

15100 Euro. Kennzeichen des Modells ist eine lenkerfeste Verkleidung mit vier Scheinwerfern, die Ausstattung mit fest montierten Hartschalenkoffern sowie abnehmbarem Topcase. Konzeption, Design und Ausstattung (Trittbretter, Schaltwippe, Tempomat als Option) der R 1200 C (1170 cm^3, 45 kW/61 PS, 165 km/h, G-Kat) lassen auf Nordamerika als Hauptabsatzmarkt schließen. Ebenfalls von BMW zu erwarten ist eine in Richtung Touring abgewandelte Version des Tourensportmodells K 1200 RS; die Bezeichnung des neuen Modells wird wohl K 1200 GT lauten.

Der US-Hersteller Harley-Davidson, der im Jahr 2003 sein 100-jähriges Bestehen feiert, rüstet deshalb alle Fahrzeuge des Modelljahrganges 2003 mit Jubiläums-Plaketten links und rechts am Tank aus; zusätzlich tragen die Motorräder diverse Plaketten und Gravuren, die sie als Jubiläums-Fahrzeuge ausweisen. Exklusiv in diesem Modelljahr wird eine neu entwickelte Lackiermethode angewandt: die Farbkombination sterling-silver/black ist allerdings nur gegen Aufpreis zu haben.

Yamaha hat offenbar – endlich – verstanden, dass Käufer eines großvolumigen Tourenmotorrades verstärkten Wert auf die Ausrüstung mit ABS legen.

So wird es aller Voraussicht nach für die Saison 2003 optional ein ABS für die FJR 1300 geben.

Bei Honda ist damit zu rechnen, dass die stark im Schatten der BWM R 1150 GS stehende Reiseenduro Varadero vollkommen überarbeitet wird. Dazu dürfte die Umstellung auf Benzineinspritzung ebenso gehören wie die Ausrüstung mit geregeltem Kat. Zu den Kandidaten, bei denen eine technische und optische Generalüberholung denkbar ist, gehört auch die Halbliter-Maschine CB 500.

KTM, in Deutschlands Zulassungsstatistik einziger Hersteller mit ungebremsten Zuwachsraten, wird für die kommende Saison die erste „Zivilversion" des mit dem neuentwickelten V2-Motor ausgerüsteten Rallye-Gerätes präsentieren. Man darf von einer Leistung knapp über 100 PS und einem Gewicht von rund 200 Kilogramm ausgehen. Auch eine straßenorientierte Version ist im Gespräch.

Aprilia hat aus dem Supersport-Modell RSV Mille ein höchst sportliches Naked Bike abgeleitet und als „Blue Merlin" genannte Studie auf Messen präsentiert. 150 Exemplare des feinen Stückes sollen gebaut werden.

Von MZ aus dem sächsischen Zschopau ist zu hören, dass das als Prototyp schon mehrfach präsentierte Sportbike MZ 1000 S mit selbst entwickeltem Zweizylindermotor zur Intermot serienreif vorgestellt und im späten Herbst auch ausgeliefert werden soll. Die Leistung dürfte zwischen 115 und 122 PS liegen, das Gewicht dem einer Yamaha R1 entsprechen – eine mehr als bemerkenswerte Größenordnung.

Ducati wird einen Nachfolger der erfolgreichen Modelle 996 und 998 bringen; der neue Italo-Supersportler soll 999 heißen, trägt aber den 998 Kubikzentimeter großen, 124 PS leistenden Testastretta-Motor im Gitterrohrrahmen; hier allerdings mit G-Kat. Eine Weltneuheit ist die Möglichkeit, Tank und Sitzbank längs zu verschieben und so unterschiedlichen Fahrergrößen gerecht zu werden. Als Preis werden rund 17 000 Euro erwartet, die mit 136 PS nochmals stärkere 999 S wird wohl an die 20 000 Euro kosten.

Aprilia Blue Merlin

KTM Rallye

Projekt: Honda Elysium

100 Jahre NSU-Motorräder

1919 bis 1944

von Manfred Nabinger

Im Jahrbuch 2001 wurden die Anfänge der Firma NSU und ihr Werdegang bis zum Ausbruch des Ersten Weltkrieges geschildert. Die Neckarsulmer Firma hatte bis dahin in fast atemberaubendem Tempo zahlreiche Konstruktionsideen entwickelt und jeweils in bestimmte Serienmodelle umgesetzt. Sie hatte eigene Ein- und Zweizylindermotoren geschaffen, die Maschinen serienmäßig mit Vorder- und Hinterradfederung in Schwingenausführung ausgerüstet, Zwei- und Dreiganggetriebe eingebaut, Dreiräder und Spezial-Gespanne hergestellt, die Wasserkühlung von Motorradmotoren erprobt und erfolgreiche Rennmaschinen auf die Beine gestellt.

Fortführung der ioe-Reihe

Während des Ersten Weltkrieges schrumpfte das breite NSU-Angebot auf ein einziges Modell zusammen. Der feldgraue Zweizylinder mit 3,5 PS in Heeresausführung bildete auch die Basis für den Neuanfang 1918/19. Er wurde auf die Steuerleistung von 4 PS (495 cm³ Hubraum, etwa 6 PS am Hinterrad) aufgestockt, erhielt eine aufwendige Lackierung und war als Zivilmodell ab 1919 zu kaufen. Riemenantrieb, eine Hinterradfederung mit Zentralfeder, eine „Doppelübersetzung" und der traditionelle Pedalstarter zählten zu den Ausstattungsdetails.

Als zweites Modell bot NSU eine Maschine doppelter Leistung an. Der 8-PS-Zweizylinder verfügte über einen Hubraum von 995 cm³ (bei einem Hub von immerhin schon 99 mm), produzierte real knapp 12 PS und unterschied sich auch ansonsten deutlich vom kleineren Bruder. So erforderte die deutlich höhere Motorleistung einen Kettenantrieb zum Hinterrad. Der Pedalstarter war zugunsten eines

Das Heeresmodell von 1918

Kickstarters weggefallen. Ein Dreiganggetriebe ermöglichte Spitzengeschwindigkeiten jenseits von 100 km/h, und zwei Federn halfen dem Hinterrad bei der Bodenhaftung.

Als erste Neukonstruktion brachten die Neckarsulmer für die Saison 1920/21 einen Einzylinder von 3 PS Steuerleistung heraus. Er blieb nur zwei Jahre im Programm. Bei einer Bohrung von 75 mm und einem Hub von 80 mm besaß das Triebwerk einen Hubraum von 350 cm³, aus dem sich etwa 5 PS gewinnen ließen. Sie gelangten über eine Doppelübersetzung und einen Riemen ans gefederte Hinterrad und beschleu-

3-PS-Einzylinder-Motorrad mit Riemenantrieb (1920)

Erster ziviler Jahrang der V-Maschinen

Einzylinder-Blockkonstruktion von 1922

Halbliter-Sport-Modell von 1924

1921 hatte die „Allradfederung" bei NSU schon Tradition

nigten die etwa 100 kg schwere Maschine auf maximal 75 km/h.

Das Triebwerk war wiederum in der bekannten ioe-Anordnung ausgeführt. NSU hielt damit zu einer Zeit, als viele Hersteller mit anderen Bauweisen experimentierten, an althergebrachter Technik fest. Dem gewaltigen Boom auf den Gebieten der Fahrradmotorisierung und des Kleinmotorrades, der zu zahlreichen Zweitakt-Konstruktionen führte, schloß sich NSU nicht an. Genauer gesagt: vorerst nicht. Denn das übernächste Kapitel wird von einem entsprechenden Sinneswandel berichten.

Moderne Variante des Einzylinders (1926)

Anzeige von 1921

Als kleinen Beitrag zum Markt der Leichtmotorräder steuerten die NSU-Ingenieure 1921 ein 2-PS-Modell bei, eine 250-cm³-Maschine mit Zweigang-Schaltung, Kickstarter, Riemenantrieb und starrem Heck. 3,5 PS reichten für etwa 65 km/h aus, dann waren aber auch schon die beiden Bremsen (Bandbremse und Klotzbremse hinten) an ihre Grenzen gestoßen. Das kleinste NSU-Motorrad kam erst 1923 auf den Markt und blieb vier Jahre im Programm.

1924 hatten die NSU-Techniker die Reihe der V-Zweizylinder kräftig überarbeitet.

Der großen 8-PS-Zweizylinder war 1921 bereits ein wenig modernisiert worden (neue Bremsen, Hinterradfederung etc.). Nun erhielten auch die 4-PS-Modelle und eine neue Reihe von 6-PS-Fahrzeugen (743 cm³ Hubraum, Leistung am Hinterrad etwa 12 PS) ein Dreigang-Getriebe, einen Kettenantrieb und einen Kickstarter. Alle Fahrzeuge der neuen Serie besaßen einen neuen Rahmen, der unten offen war, und eine neue Vorderradgabel in Trapezausführung, die die alte Quasi-Schwinge ablöste.

Von diesen Maschinen gab es jeweils auch Sportausführungen mit leicht angehobener Leistung (12 PS bei der Halblitermaschine, 16 PS beim 750-cm³-Modell und 18 PS beim Topmodell) und geschlossenen Rahmen. Sie verfügten über keine Hinterradfederung und waren am hinten spitz zulaufenden Steckrahmen leicht zu erkennen. Auch die Sportmaschinen waren mit ioe-Triebwerken ausgerüstet. Die Konkurrenz bot mindestens sv-, wenn nicht schon ohv-Steuerung. Ein NSU-Prospekt beschreibt den Motor 1926 als „hochgezüchteten Zweizylinder mit Aluminiumkolben" und erwähnt allen Ernstes als Besonderheit die „mechanisch gesteuerten Ventile". Ansonsten handele es sich bei den NSU-Sportmodellen um „(…) grundsolide Motorräder, konstruiert für die Notwendigkeiten und Bedürfnisse der deutschen Ver-

ioe-Triebwerk von 1919/20

Modell ATR, schon Blockmotor, aber noch ioe-Steuerung

Das Sportmodell von 1924

kehrswirtschaft. Durch erhöhte Schnelligkeit befriedigen sie ein gesundes Sportbedürfnis des Motorradfahrers. Die sorgfältig durchdachte Konstruktion gestattet dem Besitzer, sich an Prüfungsfahrten auf längsten und schwierigsten Strecken zu beteiligen."

Die 1924 eingeführte Zweizylinder-Serie war die letzte Reihe von NSU-Maschinen mit V-Motoren, sogar von Zweizylindern überhaupt (ausgenommen Rennfahrzeuge). 1928 verließ der letzte NSU-V-Twin die Werkshallen. Schon 1927 waren die 8- und 6-PS-Modelle ausgelaufen, das 4-PS-Modell mit Doppelschleifenrahmen, neuer Gabel, Bremse und Sattelkonstruktion aber noch einmal aktualisiert worden. Auch die alte Bezeichnung „4-PS-Modell" gab man auf und ersetzte sie durch das Kürzel „BT/2". Diese Formel wurde ein Jahr später durch die transparentere Formel „502 T" ersetzt. Unter diesem Namen rollte das Halblitermodell in die ewigen Jagdgründe ein.

Die neue Nomenklatur hielt sich für die restlichen fünf Jahrzehnte der NSU-Zweiradproduktion und soll deswegen kurz erläutert werden. „502" steht für 500 cm^3 Hubraum aus zwei Zylindern. „601" benennt

500-cm^3-Tourenmodell B bzw. 502 T

demnach beispielsweise einen Einzylinder mit 600 cm^3 Hubraum. „T" steht für Tourenausführung, „S" für Sport, „SS" für Supersport. Handelt es sich um ein ohv-Modell, wird diesen Buchstaben zuweilen noch ein „O" vorangestellt. Um den erhöhten Ausstattungsgrad zu kennzeichnen, fügt man dieser Kombination noch ein „L" (Luxus) hinzu. Ganz stringent war dieses System allerdings nicht. So gab es beispielsweise ein OT-Modell (ohv in Tourenausstattung), aber auch OS-T-Maschinen (Touren-Sport-Ausführung) und eine ganze Reihe von TS-Motorrädern: das „S" stand hier als Abkürzung für „Satteltank".

TS 201 von 1930 (200 cm³ mit ioe-Steuerung)

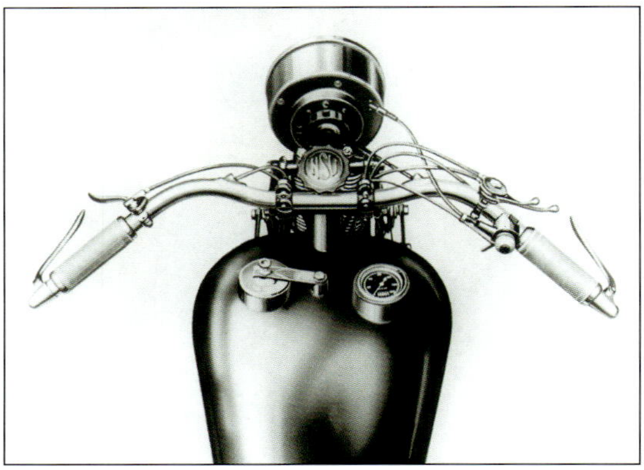

Armaturen der TS 201

Doch kehren wir wieder ins Jahr 1928 zurück. Als Technik für Zweizylindermotoren hatte die Wechselsteuerung der Ventile zwar ausgedient. In verschiedenen Einzylindermodellen hielt sie sich aber bis ins Jahr 1934. 201 TS hieß die letzte ioe-Maschine. Sie war sukzessive aus dem erwähnten 2-PS-Modell entwickelt worden. 1924 löste eine Parallelogrammgabel das alte Federwerk ab, 1927 wurden Ballonreifen aufgezogen, ein Dreiganggetriebe und eine Vorderradbremse eingebaut. 1929 entstand durch Reduzierung der Bohrung von 63 mm auf 56,5 mm eine 200-cm³-Version für die neue Klasse der führerscheinfreien Leichtmotorräder. Dieses Modell „201" war nun auch mit Kettenantrieb lieferbar und erhielt 1930 den zeitgemäßen Satteltank.

In dieser Gestalt bevölkerte die betagte Konstruktion die NSU-Listen noch bis ins Jahr 1934. „Es wird Ihr persönlicher Freund sein und bleiben", charakterisierte ein NSU-Prospekt das Fahrzeug, meinte damit aber wohl nicht den schlechten Wiederverkaufswert, sondern strich den Getriebe-Blockmotor, den Zahnrad-Primärtrieb und die Bremsleistung von 5 PS als durchaus zeitgemäße Details heraus. „Dieses Modell hat den Vorteil, führerscheinfrei zu sein und doch in seiner Leistungsfähigkeit den durchschnittlichen Beanspruchungen zu genügen. Seine Hauptvorzüge sind: einfache Bedienung, leichte Wartung und billiger Betrieb. Die Straßenlage ist hervorragend, auch ein radfahrender Laie wird sofort mit der Maschine fertig werden."

„Durchschnittliche Beanspruchung" war vielen Käufern einer Viertaktmaschine doch zu wenig. Das brachte auch der deutlich billigere Zweitakter. Wenn schon der Kauf eines aufwendigen Viertakter in Erwägung gezogen wurde, dann schielte man eher auf die ebenfalls führerscheinfreie 201 S, eine „rassige Hochleistungsmaschine" mit 8 PS und ohv-Steuerung. Das wechselgesteuerte Relikt aus Pionierstagen – Traditionspflege hin, Historie her – konnten sich die Neckarsulmer zu einem Zeitpunkt, als sie eine breite Palette von Tourenmodellen mit ohv-Steuerung und sogar Supersport-Maschinen mit Königswelle im Programm hatten, aus Produktions- wie auch aus Imagegründen nicht mehr leisten. A propos Traditionspflege: In den frühen dreißiger Jahren beinhalteten die NSU-Embleme auch das große „D" der Marke D-Rad. Die Neckarsulmer hatten diese Berliner Firma 1932 übernommen, nachdem drei Jahre zuvor schon eine „Vertriebsgemeinschaft" mit dem ebenfalls schwer angeschlagenen Hersteller Wanderer eingegangen worden war. Eigenkonstruktionen dieser Marken hielten sich im NSU-Programm aber nur sehr kurz.

Sv- und ohv-Blockmotoren

Im Jahr 1926 gewann der Mannheimer Fahrer Ernst Islinger auf einer 250-cm³-NSU die deutsche Meisterschaft dieser Kategorie. Während die Serienmaschinen aus Neckarsulm immer noch wechselgesteuert waren, lief der 250-cm³-Renner schon mit der modernen ohv-Ventilsteuerung. Im folgenden Jahr war dies auch in der Serie zu haben. Dazu noch mit einer weiteren zukunftsweisenden Bauweise gepaart, dem sogenannten Blockmotor, der Kurbeltrieb, Primärtrieb und Getriebe in einem Gehäuse vereinigt. Der Konstrukteur Otto Reitz hatte dieses Aggregat geschaffen, das heute ein wenig im Schatten anderer NSU-Modelle steht, damals aber für NSU eine neue Epoche einleitete.

Die NSU-Blockmotoren waren jeweils mit hängenden oder stehenden Ventilen, also in ohv- oder sv- Ausführung lieferbar, die dann entweder als Sport- bzw. Tourenmodell bezeichnet wurde. Seitengesteuerte Motoren besitzen konstruktionsbedingt

Halbliter-Modell 501 T mit sv-Steuerung

eine nicht sehr günstige Form des Brennraums. Bei höheren Drehzahlen und höherer Verdichtung bekommen die Triebwerke schnell Probleme. Solange man sich aber mit beiden Werten zurückhält, lassen sich mit dieser Bauweise fast unverwüstliche und sehr sparsame Konstruktionen verwirklichen. Im Falle NSU sah dies so aus: 1927 erschien das Halbliter-Tourenmodell 501 T, das gemäß der alten Nomenklatur bei seiner Vorstellung noch BT/1 hieß. Das seitengesteuerte Triebwerk holte aus seinen exakt 494 cm^3 Hubraum bescheidene 11 PS. Die Verdichtung lag bei 1:4,7, wodurch auch schlechterer Kraftstoff verwendbar war. Die Nenndrehzahl betrug 3800 U/min. Das rund 150 kg schwere Gefährt erreichte knapp 100 km/h Höchstgeschwindigkeit, weswegen sich aber vermutlich nur wenige der knapp 3000 Käufer für dieses Modell entschlossen. Sein Vorteil lag in einem sehr soliden Fahrwerk (Trapezgabel, geschlossener Doppelschleifenrahmen) und einem extrem zuverlässigen Motor, der fast jedem Alltagsbetrieb gewachsen war.

Im gleichen Jahr erschien als weiteres „Block"-Modell unter der Bezeichnung 251 S eine 250-cm^3-Maschine mit ohv-Steuerung. Die Verdichtung betrug

Ohr-Sportmaschine 251 S von 1927

Das kompakte Triebwerk der 251 T von 1929

hier 1:6, die Nenndrehzahl lag bei 4700 U/min. Dabei ergab sich fast schon die Leistung des sv-Halblitermodells, nämlich 10 PS. Da die Viertellitermschine nur 110 kg wog, erreichte sie durchaus die Fahrleistungen des Halbliter-Tourenmodells.

Im Folgejahr stellte NSU zwei weitere Block-Konstruktionen vor. Nun gab es auch ein Sportmodell in der Halbliterklasse. Bohrung und Hub betrugen wie in der sv-Version 80 bzw. 99 mm. Mit einer Verdichtung von 1:6 ergaben sich 16 PS. Damit waren schon 120 km/h möglich. Das 250-cm^3-Modell wiederum war nun auch in Tourenversion erhältlich. Die 251 T leistete 6 PS (auch nicht mehr als der wechselgesteuerte Vorgänger) und hatte mit ihren 115 kg Eigengewicht schon ziemlich viel zu schleppen. Sie stand drei Jahre in den Listen und verkaufte sich nur 385 mal.

Als wesentlich erfolgreicher erwies sich die oben schon beschriebene 200-cm^3-Maschine für die führerscheinfreie Klasse, noch mit dem wechselgesteuerten Motor ausgerüstet. Sie verkaufte sich immerhin in 12 902 Exemplaren und ergänzte das Blockprogramm bis 1934. Eine 200-cm^3-Blockkonstruktion entstand deswegen nicht.

1930 erschien die Krönung der sv-Reihe: eine 600-cm^3-Einzylinder mit 14 PS Leistung, die allerdings im Laufe der Entwicklung auf 16 PS anstiegen. Die Maschine wog satte 185 kg, zog aber auch einen Beiwagen samt Besatzung mit und galt deswegen als „Bulldog" unter den Motorrädern. In den Worten des NSU-Prospekts: „Die Seitenwagen-Maschine mit großer Kraftreserve. NSU 601 TS ist eine außerordentlich leistungsfähige Seitenwagenmaschine, mit der Sie

Motor der 301 T im Spezialfahrgestell (1929)

mühelos und zuverlässig schwierigste Wegeverhältnisse überwinden. Die Maschine schleppt auch einen vollbelasteten Seitenwagen über die Alpenpässe, ohne darum zu murren." Knapp 7000 Exemplare ließen sich in der rund zehnjährigen Bauzeit absetzen.

Die 600-cm³-Version kam mit der Modellbezeichnung „TS" auf den Markt. „S" stand hier für den Satteltank, ein Detail, das bei NSU 1930 – und damit dem allgemeinen Trend etwa zwei Jahre hinterher hinkend – den altväterlichen Stecktank ablöste. Die Halblitermaschine wurde entsprechend zur 501 TS. Zu diesem Zeitpunkt führten die NSU-Listen noch zwei weitere Blockmodelle auf, die allerdings nicht auf den 500-cm³- oder den 250-cm³-Modellen basierten. Es handelte sich um ein 300-cm³-Modell mit 7 PS und eine davon abgeleitet 350-cm³-Variante mit 8 PS. Beide Triebwerke verfügten über einen Hub von 88 mm, das kleinere Modell besaß eine Bohrung von 66 mm, das größere kam auf 71 mm. Die 300-cm³-Version kam 1929 als 301 T auf den Markt und wurde im Folgejahr zur 301 TS. In diesem Zeitraum setzte NSU immerhin 9337 Exemplare ab. Ganz im Gegensatz zur 1930 erschienen 351 TS, die es in zwei Jahren auf nur 675 Stück brachte.

Die seitengesteuerten Blockmodelle sicherten NSU bis zum Beginn des Zweiten Weltkriegs konstante Umsätze. Privatleute, aber auch Behörden und Ämter kauften sie. Als relativ kurzlebig erwiesen sich

SV-Tourenmaschine mit Blockmotor

hingegen die ohv-Modelle. Sie wurden 1930 von einer komplett neuen Reihe abgelöst, deren Modelle heute bei vielen Sammlern und Veteranen-Freunden als die klassische NSU-Konstruktionen gelten. Sie sollen im folgenden Kapitel beschrieben werden.

Britische Schule: OS- und OSL-Modelle

„Willig im Arbeiten, leicht in der Bedienung, überelastisch in der Kraftentfaltung, enorm schnell, nicht zum Klingeln neigend, selbst bei ganz gewöhnlichen Tankstellengemischen, unbedingt kerzenfest ohne heiße tote Ecken im Verbrennungsraum, mit einem dumpfweichen Explosionsschlag, der den meisterhaft

351 S von 1934

Die erfolgreichste? Vielleicht. Die älteste? Na ja?

entworfenen Verbrennungsraum und präzise Ventilarbeit erkennen läßt, das ist die neue NSU, ein Meisterwerk, das sich getrost neben den feinsten und besten Maschinen der Welt sehen lassen darf."

Dies begeisterte Loblied auf die neue NSU 501 schrieb 1932 Hans Heinrich Dienstbach im Bielefelder Branchenblatt „Radmarkt". Ein NSU-Prospekttext von 1933 druckte dies willig nach und rühmte in eigenen Worten weiter: „NSU-D-Rad-Motorräder sind rein deutsche Erzeugnisse". Dies entsprach natürlich ganz den politischen Umständen, aber insbesondere hinsichtlich der 501-Modelle nicht den Tatsachen.

Am Anfang der neuen ohv-Reihe stand nämlich ein Renn- bzw. Sportmodell, und dies hatte ein Engländer entworfen. Er hieß Walter William Moore, hatte für Norton eine berühmte Königswellen-Maschine konstruiert, war Mitte 1929 zu NSU übergewechselt und hatte dort eine sehr, sehr ähnliche Maschine gezeichnet. Sie wird heute in Erinnerung an den britischen Fahrer Tom Bullus, der sie berühmt machte, als Bullus-NSU bezeichnet. Als Abkömmling dieser reinen Werksrennmaschine entstand 1931 ein käufliches Super-Sport-Motorrad mit obenliegender Nockenwelle. Es mußte auf einige Finessen des Werksrenners verzichten, verfügte aber wie dieser über einen Halbliter-Einzylinder mit Königswellensteuerung der Ventile. Aus heutiger Sicht lesen sich die Daten des Triebwerks eher unspektakulär: 22 PS bei 4400 U/min, Verdichtung 1:6, Bohrung 80 mm, Hub 99 mm, Gewicht 170 kg, Höchstgeschwindigkeit über 130 km/h. Mit anderen Ventilen und Nocken, erhöhter Verdichtung und polierten Motorteilen ließen sich etwa 30 PS bei 6000 U/min herauskitzeln. Das Fahrwerk bestand aus einem geschlossenen

Schön restaurierte Sportausführung der „britischen" Reihe

Rennmaschine 500 SS
von 1930

Die 500 SS
des Jahrgangs 1932

Nochmal die 500 SS von der
Antriebsseite her gesehen

Hauszeitschrift der NSU-Werke fürs „Kundenprofil"

Rohrrahmen ohne Hinterradfederung, einer Trapezgabel vorne und großen Rädern mit Reifen der Dimension 26 x 3,25

Eine „zivile" Version dieser Sportmaschine kam 1932 heraus. Hier wurden die Ventile über eine untenliegende Nockenwelle per Stoßstangen betätigt. Die Daten für Bohrung, Hub, Verdichtung und Nenndrehzahl blieben etwa gleich, die Leistung fiel mit 20 PS naturgemäß etwas niedriger aus. Der Doppelport-Zylinderkopf bestand aus Grauguß, die Schrauben-Ventilfedern waren nicht gekapselt, lagen also offen und konnten allzeit bei ihrer Arbeit beobachtet werden. Wie beim SS-Modell hatte Moore dem Reitzschen Konzept des Blockmotors wieder Ade gesagt und ein externes Dreigang-Getriebe und einen Ketten-Primärtrieb konstruiert. Diese Konstruktionsdetails lassen die Reihe der NSU-Stoßstangenmaschinen aus den dreißiger Jahren so „klassisch" – und das heißt ja oft nur „britisch" – aussehen.

Der Rahmen der 501 war einfacher gestaltet als der des Super-Sport-Modells. Unten offen, benutzte er den Motor als mittragendes Element. Die Reifen besaßen die gleichen Dimensionen wie bei der Königswellenmaschine. Im Gegensatz zu dieser war die 501 S natürlich mit einer kompletten Beleuchtungsanlage ausgerüstet.

Als kleiner Ableger der Halblitermaschine kam ebenfalls noch 1932 eine 350-cm³-Version mit der Bezeichnung 351 S heraus. Die Technik entsprach der des größeren Modells. Aus dem kleineren Hubraum (Bohrung 71 mm, Hub 88 mm) ließen sich 17 PS bei 4800 U/min herausholen.

1934 erhielten diese ohv-Modelle ein Viergang-getriebe, 1935 einen neuen Zylinderkopf (mit Haarnadel-Ventilfedern), der ab 1938 aus Leichtmetall gegossen wurde. 1939 betrug die Leistung des 350-cm³-Modells 18 PS bei 4800 U/min, die größere Maschine kam auf 22 PS bei 4800 U/min. Beide Varianten blieben als zivile Modelle bis 1939 im Programm, die 350-cm³-Maschine wurde danach kurz in Behörden- und Wehrmachtsversionen weitergebaut. Im Laufe dieser Zeit tauchten neue Modellbezeichnungen und -varianten auf: das „S"-Modell hieß bald „OS" (obengesteuerte Sportmaschine), eine OSL-Version verfügte über „Luxus"-Ausstattung.

Das Sportmodell 501 S von 1932 mit Straßenausrüstung

Zwischen 1936 und 1939 leistete sich NSU den Luxus, gleichzeitig zwei verschiedene Motorräder in der 350-cm^3-Kategorie anzubieten. Zur erwähnten 351 OS/L trat noch eine Maschine mit der Bezeichnung 351 OT. Sie hatte mit der 351 OS bzw. OSL wenig zu tun, sondern war eine aufgebohrte Version der 1933 vorgestellten 251 OS/L. Mit letzterem Modell und einer parallel erscheinenden 200-cm^3-Variante für die führerschein- und steuerfreie Klasse weitete NSU sein ohv-Konzept nach unten aus. „Eine rassige Hochleistungs-Tourenmaschine, wie sie in der führerscheinfreien Klasse nirgends zu finden ist. Im täglichen Gebrauch und bei Tourenfahrten (wie auch bei kleineren Sportveranstaltungen) wird die schmucke Maschine durch ihre absolute Zuverlässigkeit und lange Lebensdauer dem Besitzer viel Freude bereiten. Ein neuer Wertmesser für das, was eine 200er sein kann" schrieb „Das Motorrad" am 11. Februar 1933.

In der Tat war die NSU 201 S bzw. OS/OSL eine Ausnahmeerscheinung in der Brot-und-Butter-Klasse der führerscheinfreien Leichtmotorräder. Die ganze Optik und Ausstattung entsprach der der größeren Maschinen. Das langhubige ohv-Triebwerk (58 x 75 mm) sah nach mehr als 200 cm^3 aus, und 8 PS bei 5000 U/min waren ebenfalls mehr, als die meist zweitaktenden Maschinen der anderen Hersteller bieten konnten. Eine echte Konkurrenz stellte eigentlich nur die R 2 von BMW dar, die aber anfänglich nur 6 PS vorweisen konnnte und nach Erscheinen der NSU 201 S ebenfalls auf 8 PS getrimmt wurde.

Die 200-cm^3-NSU blieb bis 1939 im Programm und brachte es auf 18 111 verkaufte Maschinen. Den Rekord in dieser Hinsicht stellte das ebenfalls 1933 vorgestellte Viertelliter-Pendant auf: von den verschiedenen S-, OS-, OSL- und WH (Wehrmachts)-Ausführungen wurden insgesamt 67 442 Exemplare aufgelegt. Die 251 OSL kam auf 9 PS bei 5000 U/min (später 10 PS) und war keine aufgebohrte Version der 201 S. Bohrung und Hub betrugen nämlich 64 x 75 mm, das Triebwerk war also nicht so extrem langhubig wie in der 200-cm^3-Version. Mit etwa 90 km/h konnte ein 201-Fahrer rechnen, knapp 100 km/h brachte die 251 S.

Auch die kleinen Maschinen erhielten sukzessive (meistens nicht zeitgleich mit den größeren Hubräumen) ein Vierganggetriebe, diverse Modifikationen an Triebwerk und Rahmen und schließlich auch einen gekapselten Zylinderkopf in Leichtmetall. Die letzte Version der 251, ab 1942/43 für das Militär gebaut,

Prospekt aus der „D-Rad-Periode"

ersetzte alle Leichtmetallteile durch Grauguß. Aluminium-Legierungen waren knapp geworden und blieben Bereichen wie dem Flugzeugbau vorbehalten.

Beim Thema Kriegsproduktion kommen wir zum letzten Modell der „britischen" ohv-Reihe von NSU. Wie beim Viertelliter-Modell wurden auch hier zahlreiche Exemplare für das Militär gebaut. Die 601 OSL kam erst 1937/38 auf den Markt und verfügte über ein Triebwerk mit 562 cm^3 Hubraum. Die Bezeichnung „Sechshunderter" war also leicht übertrieben. Dem Halbliter-Motor war eine um 5 mm größere Bohrung verpaßt worden, bei einer Drehzahl von 5000 U/min ergaben sich nun 24 PS. 185 kg wog die Maschine, die Höchstgeschwindigkeit lag im Bereich des Halblitermodells, der Hubraumzuwachs machte sich vor allem im Gespannbetrieb bemerkbar. Die 601 OSL blieb nur etwas mehr als zwei Jahre in Produktion und kam in dieser Zeit auf knapp 5000 Exemplare. Danach produzierten die Neckarsulmer ein anderes Wehrmachtsgefährt: das legendäre Kettenkrad mit Opel-Olympia-Motor, das aber an anderer Stelle beschrieben werden soll.

Seit langem bei Sammlern ein Klassiker: die 251 OSL (1935)

Das gleiche Modell im Design des Jahrgangs 1937

Die führerscheinfreie 201 OSL von 1938

Für „schnellste Solofahrten und schwersten Seitenwagenbetrieb“: 601 OSL von 1938

Mehrscheibenkupplung und Primärtrieb der 601 OSL von 1938

Modell 601 OSL in ziviler Ausführung…

…und als Motorrad der Wehrmacht (1939)

Restaurierte OSL-Molelle schmücken jede Veteranen-Veranstaltung

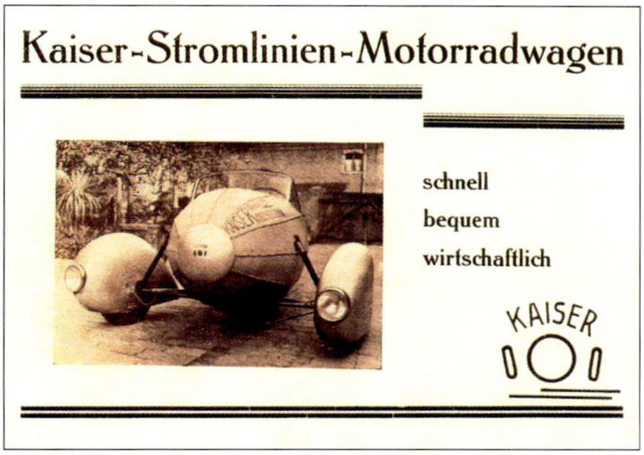

Sieht aus wie eine ME 262, fährt aber mit NSU-Motor

Die ersten NSU-Zweitakter

In der großen Wirtschaftskrise nach 1929 litt auch ein traditionsreicher und gut eingeführter Hersteller wie NSU unter massiven Absatzschwierigkeiten. Auf dem Höhepunkt der Depression ließ sich gerade ein Fünftel von dem verkaufen, was 1928 in den Büchern gestanden hatte – produziert von ebenfalls nur noch einem Fünftel der ehemaligen Belegschaft. Wenn sich überhaupt noch etwas in größeren Stückzahlen absetzen ließ, mußte es billig und sparsam sein. Otto Reitz überließ W.W. Moore die (kaufmännisch allerdings auf lange Sicht sehr erfolgreiche) ohv-Kür, übernahm die Pflicht und konstruierte etwas, das es bei NSU noch nie gegeben hatte: kleine Zweitaktmaschinen, als „Stinker" und „Knattermänner" bis dato unwürdig, das Emblem der Neckarsulmer Traditionsmarke zu tragen.

Die kleinen Qualmer, deren Herstellung günstig kalkuliert werden konnte, brachten NSU in den folgenden Jahren die erhofften Einnahmen. Auf etwa 90 000 Exemplare stieg die Zahl der verkauften Zweitakt-Motorräder bis zum Kriegsanfang. Die Umsätze spielten sich fast ausschließlich in der Klasse der führerscheinfreien 200-cm^3-Maschinen ab. Dort bot NSU Anfang der dreißiger Jahre ja auch noch die oben schon beschriebenen Modelle 201 TS (wechselgesteuerter Blockmotor) und 201 OS/L (ohv mit getrenntem Getriebe) an. Trotzdem ließen sich von den billigeren Zweitaktern große Mengen absetzen

Erstes Modell der neuen Reihe war die 175 Z (man beachte die spezielle Zweitakt-Nomenklatur), die 1930 erschien. Einfachster Aufbau: Sackzylinder, Nasenkolben, serienmäßig ohne Tacho oder Beleuchtung, keine Verchromung, sondern nur Nickelauftrag. Mit Hilfe des Dreigang-Getriebes, das am Tank geschaltet wurde, reichte die Leistung von 4,5 PS für knapp 70 km/h.

Eine größere Bohrung (63 statt 59 mm) ergab ein 199-cm^3-Triebwerk, das sich im Modell 201 Z fand. Es leistete 5 PS. Das Fahrwerk mit unten offenem Rohrrahmen, Preßblech-Trapezgabel und den zwei Halbnabenbremsen entsprach dem der 175 Z. Statt Nickel- gab es hier aber schon einen Chromauftrag, der Zylinderkopf war aus Aluminium und abnehmbar.

Das dritte Modell der neuen Reihe ist heute eine Rarität mit besonderem historischen Stellenwert. Unter der Bezeichnung 250 Z kam durch weiteres Aufbohren des Triebwerkes auf die schon überquadratischen Maße von 70 x 64 mm eine Viertelliter-Version

Modell 175 Z von 1931 (für den internationalen Markt)

Führerscheinfreie 201 Z von 1931

zustande. Sie blieb drei Jahre im Programm und fand in diesem Zeitraum ganze 255 Käufer. Nach diesem Modell baute NSU nie wieder einen Zweitakter mit mehr als 200 cm^3.

Die erste Generation der Z-Modelle ist vor allem an der stark verrippten Auslaßzone, in die das einzelne Auspuffrohr mündet, zu erkennen. Ähnlich zu den parallel gebauten Viertaktern finden wir hier auch einen Primär-Kettenkasten und ein externes Getriebe.

Dies blieb auch bei den Nachfolgemodellen, die 1933 herauskamen, so. Der Zylinder war jetzt allerdings in Doppelport-Ausführung konstruiert, daher waren alle Modelle mit zwei Krümmern und zwei Töpfen ausgerüstet. Die 175 ZD kam so immerhin auf 5,5 PS, hielt sich aber nur ein Jahr lang, dann gab NSU diese Hubraumkategorie gänzlich auf.

Ebenfalls nur ein Jahr befand sich die 201 ZD (6,5 PS) im Programm. Dann entschloß sich NSU, die kleinen Sparmotorräder konzeptionell in zwei Richtungen zu radikalisieren. Zum einen brachte man 1934 eine „Luxus"-Version namens 201 ZDL heraus. Herausragender technischer Unterschied zur Standardausführung war der gegossene Leichtmetall-Kasten für den Primärtrieb, in dem die Kette ölgebadet lief. Im anderen Fall reduzierte man das Finish des kleinen Zweitakters auf das Nötigste, sparte Verchromung bzw. Vernickelung ein und lackierte komplett in Schwarz. 201 ZD Pony hieß diese Einfachst-Ausführung, die bis 1936 angeboten wurde, zu guter Letzt aber auch einen Alu-Primärkasten und etwas mehr Lack bzw. Chrom spendiert bekam.

1935 hielt bei NSU die Blockbauweise wieder Einzug – zumindest im Zweitaktbereich. Das Modell 201 ZDB (= Zweitakt + Doppelport + Block) besaß ein integriertes Vierganggetriebe und leistete 7 PS. Knapp 80 km/h ließen sich damit erreichen. Bis ins Jahr 1940 lief die Produktion dieses Motorrades, das bei Einstellung seiner Fertigung immer noch über eine Trapezgabel und ein starres Heck verfügte (überhaupt suchen wir in den dreißiger Jahren vergeblich nach NSU-Serienmaschinen mit Hinterradfederung).

Auch die 201 ZDB wurde zu einer Sparversion abgespeckt. Diese hieß merkwürdigerweise nicht „201 ZDB Pony", sondern „201 ZD Pony-Block". Während für die 201 ZDB im Jahr 1935 666 Reichsmark bezahlt werden mußten, kostete das Pony mit elektrischer Minimalausstattung (Umlauf-Wechselstrom-Lichtanlage, 15 Watt) nur 475 Reichsmark. Zum Vergleich: eine 201 OSL schlug mit 745 Reichsmark zu Buche. Viel billiger als mit dem kleinen Pferdchen ging es kaum.

Es sei denn, mit einem noch kleineren Mini-Pony. Dies ließen die NSU-Leute im Jahr 1937 losgaloppieren. Das Pony 100 besaß nur 98 cm^3 Hubraum und war eigentlich eine mit Dreigang-Getriebe und Kickstarter aufgemöbelte 3-PS-Version des Motorfahrrads Quick (siehe folgendes Kapitel). Für 345 Reichsmark oder eine Anzahlung von 25 Prozent holte der NSU-Händler ein Exemplar aus dem Lager.

Überraschung im Jahr 1939: die Neckarsulmer stellten ein flottes kleines Maschinchen mit 125 cm^3 Hubraum, Doppelport-Zylinder, Dreiganggetriebe, einem geschlossenen Rohrrahmen, Trapezgabel und Schwingsattel vor. Es hieß 125 ZDB, wog nur 85 kg, brachte knapp 5 PS auf die Bremse und war quasi eine RT 125 aus Neckarsulm. Die Wehrmacht fand Gefallen an der flinken kleinen Maschine, die deswegen noch bis 1944 feldgrau und oliv vom Band lief.

Motorfahrräder aus Neckarsulm

1930 konstruierte Otto Reitz, der später zu Triumph nach Nürnberg ging, ein Fahrzeug, das laut NSU-Werbung „die vollkommenste Lösung des Problems der Motorisierung des Fahrrades" darstellte. Die Problemlösung hieß Motosulm, wurde von 1931 bis 1935 produziert, dann vom 98-cm³-Motorfahrrad Quick abgelöst, dessen Nachfolger wiederum die bekannte Quickly wurde: eine imposante Erbfolge.

Das Motosulm sah fast aus wie ein normales Fahrrad, über dessen Vorderrad ein Motor befestigt war und das vorne ein ungewöhnlich massives Schutzblech besaß. Der Rahmen unterschied sich allerdings durch kräftigere Rohre von dem eines gewöhnlichen Fahrrades, die Speichen waren verstärkt, die Felgen ebenfalls. Was das massive Vorderradschutzblech angeht, so hatten die NSU-Techniker hier wieder einmal einen der genial einfachen Einfälle realisiert, denen man auf dem Gebiet der Fahrradmotorisierung so häufig begegnet: im Schutzblechkörper wurde auch der Auspuff untergebracht! Die Abgase verlassen den Zylinder über ein stark verripptes Gußstück, strömen im Innern des Schutzblechs nach unten, werden wieder nach oben umgelenkt, erneut

Zurück zu den Anfängen des Motorrades: Motosulm (1931)

Schön restaurierte Motosulm des NSU-Spezialisten Klaus Arth

nach unten dirigiert und gelangen unter Zurücklegung einer langen Strecke und dementsprechender Abkühlung in Pedalhöhe ins Freie.

Der Motor saß vor dem Steuerkopf, war an diesem befestigt und stützte sich nach unten über eine Strebe an der Vorderachse ab. Es handelte sich um einen Zweitakter mit 64 cm^3 Hubraum, der sich aus einem Hub von 40 mm und einer Bohrung von 45 mm ergab. Bei 4000 U/min brachte das Triebwerk 1,25 PS über eine Mehrscheibenkupplung auf die Kette, die das Vorderrad in Schwung versetzte. Über 30 km/h waren erreichbar, der hohe Schwerpunkt des Fahrzeugs machte sich bei dieser Geschwindigkeit aber schon deutlich bemerkbar.

NSU hatte Jahrzehntelang an der Viertaktphilosophie festgehalten und sich erst unter dem Druck, kostengünstig produzieren zu müssen, dem Zweitaktmo-tor zugewandt. Zusammen mit den schon beschriebenen 175-cm^3- bzw. 200-cm^3-Maschinen stellte der Motosulm-Motor die ersten Gehversuche des Neckarsulmer Werkes auf dem Gebiet der Zweitakt-Technik dar. Das Aggregat war konventionell, fast altbacken aufgebaut. Zylinder und -kopf bildeten zusammen ein Gußteil (Sackzylinder), ein Nasenkolben mit zwei Ringen steuerte in klassischer Dreikanal-Technik die Gasströme. Dieser Kolben war aus Grauguß gefertigt, damit zwar kostengünstig, aber auch in den Dreißigern schon ein altväterliches Detail.

Laut Prospekten und Ersatzteillisten wurden Vergaser von Graetzin oder Amal mit 12 mm Durchlaß angebaut. Die heute noch erhaltenen Exemplare (etwa ein Dutzend Fahrzeuge) sind alle mit Graetzin-Gasfabriken ausgerüstet.

Bei Baubeginn besaß die Standardversion keine Lichtanlage; sie war nur als Zubehör erhältlich. Nach Verschärfung der Beleuchtungsvorschriften für Kraftfahrzeuge im Jahr 1934 wurde das Motosulm mit Standlicht nachgerüstet. das kleine Lämpchen am Lenker und der Kasten für die Batterie sind heute gesuchte Raritäten.

Wichtig an einem Fahrrad mit Hilfsmotor ist die Kupplung. Viele Käufer erwerben auf solchen Fahrzeugen ihre ersten Erfahrungen mit dem Verbrennungsmotor, dessen primäre Tücken Anfahren und Schalten heißen. Schalten entfällt beim Motosulm, das eine einzige Übersetzung von 1:14,2 (Primär- plus Kettenübersetzung) besitzt; um so wichtiger die Möglichkeit, sanft und ohne Abwürgen des Motors anzufahren. Denn wer seinen Hilfsmotor durch langes und schweißtreibendes Strampeln nur mühsam in Gang setzen kann, wird sich von der Notwendig-

Aus einem NSU-Prospekt von 1934

Tank, Motor, Vergaser…

…Kuppung und Antrieb: alles über dem Vorderrad

keit motorisierter Zweiräder (oder gar dem späteren Kauf eines NSU-Motorrades) nur schwer überzeugen lassen. Das Motosulm verfügt deswegen über eine solide Naßkupplung mit zwei Scheiben.

Auf die Straße brachte das Fahrzeug seine 1,25 PS über 26-Zoll-Reifen mit einer Breite von zwei Zoll. Die allerletzten Modelle sollen auch mit 26-x-2,5-Bereifung ausgeliefert worden sein. Das Motosulm wog fahrfertig 32,5 kg, das Triebwerk mit Vergaser und 1,8-Liter-Tank davon allein 11 kg. Die zeitgenössischen Tests bemängelten am Motosulm vor allem seine Bremsen, die diesen Namen kaum verdienten, da sie einer gewöhnlichen Fahrradausrüstung entsprachen: Felgenbremse vorne, Rücktritt hinten. Aus 35 km/h zum Stand zu kommen war damit ein adrenalinträchtiges Unterfangen.

1931 kostete das Motosulm in Herrenversion 245 Reichsmark, was deutlich unter den Preisen der billigsten Leichtmotorräder der führerscheinfreien 200-cm^3-Klasse lag (etwa 400 Reichsmark). 1932 wurden für das Motosulm nur noch 228 RM verlangt, 1933 fiel der Preis auf 175 RM. Zwischen 1931 und 1935 liefen etwa 25 000 Exemplare des Motosulm vom Band. Dann stand ein Nachfolger bereit, der es auf die zehnfache Stückzahl und ein wesentlich längeres Leben bringen sollte: das NSU Quick.

Beim Motorfahrrad Quick waren die wesentlichen Schwachstellen des Vorgängers ausgemerzt worden. Es verfügte über eine solide Vorderradfederung mittels Trapezgabel. Der Motor war mit einem Zweigang-Getriebe kombiniert, was in der Praxis eine enorme Verbesserung der Betriebseigenschaften brachte. Der Hubraum des weiter mit Nasenkolben ausgerüsteten Zweitakters war auf 98 cm^3 erhöht worden. Der Zylinderkopf war nun ein getrenntes Teil, aus Aluminium gegossen und vom Zylinder abnehmbar. Die Maße für Bohrung und Hub betrugen 49 x 52 mm, bei 3700 U/min leistete das Triebwerk 2,4 PS. Eine 15-Watt-Schwungrad-Lichtmaschine von Bosch sorgte für Beleuchtung während der Fahrt und den dazu nötigen Zündfunken.

Im Gegensatz zum Motosulm war das Quick mit ordentlichen Bremsen ausgestattet. Vorne war eine kleine Trommelbremse eingespeicht, die hintere arbeitete per Rücktritt. Man versuchte bald, auch im Hinterrad, eine Trommel- bzw. Innenbackenbremse

NSU-Quick in der Ausführung von 1937

einzubauen und diese durch Rücktritt der Pedale betätigen zu lassen, was aber einen zu aufwendigen Hebelmechanismus erfordert hatte und deswegen aufgegeben wurde (nach dem Krieg wurde diese Bauweise aber realisiert). Dafür verfügte das Quick über einen anderen wichtigen Hebel: an der Lenkstange feierte eine Lenkerschaltung Premiere. Das verkürzte und vereinfachte gegenüber den damals gängigen Tankschaltungen den Bewegungsablauf beim Wechseln des Ganges, was vor allem ungeübten Fahrern und Fahrerinnen, die ja die Hauptkundschaft bildeten, entgegenkam. Allerdings erforderte der kleine Lenkerhebel und der dadurch betätigte Bowdenzug eine erhöhte Einstellarbeit, wenn er gut funktionieren sollte.

„Harzfahrt" der HJ von 1937 auf NSU Quick

Der Rahmen des Quick wies Fahrradform aus, war stabiler als der des Vorgängers und rollte auf großen Rädern mit 26-x-2,25-Bereifung. Das Gewicht lag bei 63 kg, als Höchstgeschwindigkeit wurden 55 km/h angegeben. Neben der weiter verbreiteten Herrenversion entstanden auch Damen-Mofas mit Durchstiegsrahmen und einem etwas kleineren Tank („Hebammenfahrzeug").

1936 kam das NSU-Quick auf den Markt. Der Name war angeblich eine Erfindung der NSU-Direktionssekretärin. Das Fahrzeug wurde auch während des Kriegs nicht ganz aus der NSU-Produktion gestrichen, schon 1945 wieder gebaut und blieb bis ins Jahr 1953 im NSU-Programm. Fast eine Viertelmillion Exemplare liefen in Neckarsulm vom Band.

Größere Änderungen erfuhr das Quick im Laufe seiner Produktionszeit nicht. Dafür wurden zahlreiche Details modifiziert. Im letzten Modell-Jahrgang kam ein geänderter Rahmen mit abgeschrägtem Querrohr zum Einsatz, der eine tiefere Sitzposition erlaubte und dem Fahrzeug sofort ein motorradhaftes Aussehen verlieh. Im Triebwerk hatte ein Flachkolben den Nasenkolben ersetzt, die Verdichtung und das Drehzahlniveau waren erhöht worden, so daß die Motorleistung auf 2,9 PS bei 4200 U/min angestiegen war. Damit ließen sich nun auch zwei Personen transportieren. Zu diesem Zweck wurden breitere Reifen (2,5 Zoll) aufgezogen, der Gepäckträger, der

„Mittlere" Periode der Quick-Fertigung (1941)

die Grundplatte für die Montage des Soziussattels war, verstärkt und eine kräftigere „Motorradgabel" eingebaut. Ein Schwingsattel brachte dem Fahrer mehr Komfort, eine Drehgriffschaltung von Magura sollte das Wechseln der Gänge vereinfachen.

1953 stellte NSU die Produktion des Quick ein und begann mit der Fertigung von Mopeds. Nach dem Zweiten Weltkrieg löste diese neue Fahrzeuggattung die Motorfahrräder ab. Es handelte sich um gedrosselte 50-cm³-Fahrzeuge, die dank neuer Techniken aus dem geringeren Hubraum die gleichen Leistungen wie 98-cm³-Mofas produzieren konnten. Die Einführung des Mopeds als führerscheinfreies „Volksfahrzeug" bescherte der Zweiradbranche ge-

Damen-Quick mit Durchstiegsrahmen (1941)

Auch nach dem Krieg ging es quick weiter (1951)

waltige Umsätze und ließ die Motorfahrräder schnell zu Fossilen aus Zeiten, an die sich niemand mehr erinnern wollte, werden. Trotzdem gaben die Neckarsulmer ihrer Mopedreihe im Anschluß an den erfolgreichen Vorgänger den Namen „Quickly" und hielten sogar bei Luxus- und Sportversionen daran fest. Aber selbst die Bezeichnung „Quick" wurde noch einmal ausgegraben. Die letzte Neukonstruktion auf dem Zweiradsektor, ein (ungedrosseltes) Kleinkraftrad mit 4,3 PS aus 50 cm^3 Hubraum erschien 1962 und trug den traditionsreichen Namen, allerdings mit dem Zusatz „50".

Zum Abschluß soll nicht verschwiegen werden, daß NSU nicht der Erfinder des Motorfahrades war. Der Anstoß kam vielmehr von den Schweinfurter Sachs-Werken, die 1930 einen kleinen Motor von 74 cm^3 Hubraum vorstellten, der leicht in modifizierte Fahrradrahmen einzubauen war. Zahlreiche Fahrradhersteller und Kleinkonfektionäre wurden so zu Herstellern von Leichtmotorrädern bzw. Motorfahrrädern. Der 74-cm^3-Sachs besaß wie das Motosulm einen Sackzylinder, verfügte aber schon über zwei Gänge und trieb das Hinterrad über eine Kette an. Schnell verbesserte der Schweinfurter Hersteller sein Triebwerk, erhöhte 1931 den Hubraum auf 98 cm^3, gestaltete den Zylinderkopf demontierbar und gab damit das vor, was NSU vier Jahre später nur noch übernehmen und leicht modifizieren konnte.

Von den Sachs-Motorfahrrädern, die immerhin von etwa drei Dutzend Herstellern produziert wurden, entstanden bis Mitte der fünfziger Jahre fast eine Million Exemplare. Das NSU Quick kam nur aus einer Firma und brachte es dank ausgereifter Technik immerhin auf ein Viertel dieser Menge.

Mit der 125 ZDB auf großer Fahrt. Viel Glück!

Quick von 1952 auf dem Weg zum Million-Seller

Die unverwüstlichen „Spandauer Springböcke"

von Achim Bischof

Spitznamen sind oft bekannter und einprägsamer als die eigentlichen Typbezeichnungen. Und sie verraten meist charakteristische Merkmale oder Eigenheiten. So der Opel-„Laubfrosch" oder das Hanomag-„Kommissbrot", aber auch die „D-Räder", die von 1921 bis 1932 in den Deutschen Werken in Spandau, einer kleinen, idyllischen Havelstadt westlich von Berlin, gebaut wurden, und von denen noch heute etliche erstaunlich rüstige Exemplare ihren Besitzern sehr viel Freude bereiten.

Den Spitznamen „Spandauer Springböcke" haben sich die Werksfahrer ausgedacht, die seinerzeit mit den Versuchsmustern und auch mit den neuen Maschinen ihre Probefahrten über den „Spandauer Bock" machten, einen langgestreckten Hügel in der Nähe ihres Werkes. Dabei hatten sie oft Mühe, die störrischen Maschinen mit dem noch ungefederten Hinterrad und der recht harten Federung des Vorderrades zu beherrschen. Blattfedern wurden damals auch von anderen Motorradherstellern verwendet, zum Beispiel von BMW, Wanderer oder Indian, aber sie durften nicht zu hart und die kleinen Schwingen für die Radaufhängung nicht zu kurz sein, um noch einige Zentimeter Federweg zu ermöglichen.

In den Deutschen Werken hatte man vorher Waffen hergestellt, und die Arbeiter waren Präzisionsarbeit gewohnt. So kam es, dass sich auch die D-Räder durch gutes Material, sorgfältige Fertigung und große Zuverlässigkeit auszeichneten. Um dies unter Beweis zu stellen, führte man eine Fernfahrt vom Brandenburger Tor in Berlin bis zu den Königspyramiden südlich von Kairo und zurück durch. Seine Erlebnisse bei dieser abenteuerlichen Fahrt hat der damalige Rennfahrer und Leipziger D-Rad-Vertreter, Alfred Gäbelmann, in seinem 1928 erschienenen Buch „Von Berlin nach Kairo" (Untertitel „Mit dem Motorrad durch die Wüste Sinai") festgehalten. Ein Exemplar davon befindet sich im Archiv des Stadtgeschichtlichen Museums in Spandau. Ich muss gestehen, dass diese spannend geschriebene Reisebeschreibung ihren Reiz auch heute noch nicht verloren hat. Sein Sozius, Dr. Wilhelm Spohr aus Berlin, beschreibt darin das D-Rad als „ein Gefährt, das hüpfte, tanzte, schaukelte, schleuderte und bockte wie ein junges Pferd, das zum ersten Mal unter den Zügel genommen wird". Trotzdem hat das schwer beladene Gespann (690 Kilogramm Gesamtgewicht!) die 12 230 Kilometer lange Strecke durchgehalten. In welchem

Den „Spandauer Bock" gab es schon vor mehr als 100 Jahren. Über diesen Hügel zwischen den Berliner Stadtteilen Spandau und Charlottenburg fuhren die Werkfahrer mit den Versuchsmaschinen und den neuen Serien-D-Rädern und fühlten sich wie Bezwinger junger, ungezügelter Pferde.

Die „Spandauer Springböcke" erblickten erst 1924 das Licht der Welt. Die harte Blattfeder der Vorderradgabel der R 0/4 war mit verantwortlich für das störrische Verhalten der Maschinen bei Bodenunebenheiten. Trotz dieser Eigenheiten wurden die D-Räder wegen der guten Materialqualität, der sorgfältigen Verarbeitung und der moderaten Preise zu beliebten und langlebigen fahrbaren Untersätzen.

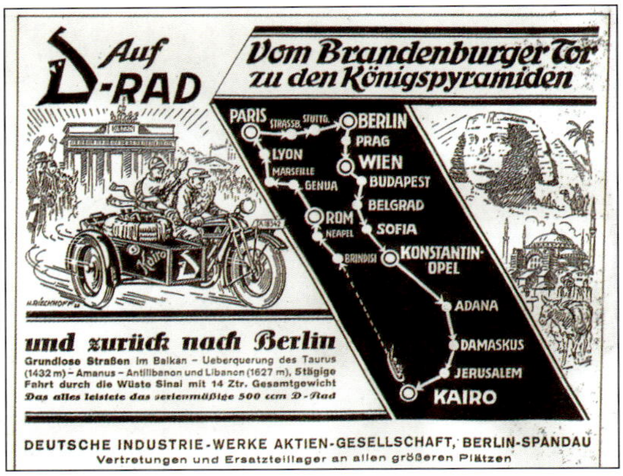

In allen Motorsport-Zeitschriften waren Anzeigen geschaltet, die von der abenteuerlichen und strapaziösen Fernfahrt Berlin - Kairo - Berlin der beiden D-Rad-Fahrer Alfred Gäbelmann und Dr. Wilhelm Spohr berichteten.

katastrophalen Zustand sich manche Balkanhauptstraßen befanden, zeigt ein Foto, das Gäbelmann an seinen Sportfreund Schünemann nach Leipzig schickte. Die weltweite Beachtung, die diese Fahrt fand, zeigt ein Bild von der Rückfahrt vor dem Kolosseum in Rom. Mehr als hundert Motorsportler, darunter viele D-Rad-Fahrer, waren zur Begrüßung erschienen.

Rund 70 Jahre später kamen drei begeisterte und wagemutige D-Rad-Fans auf die Idee, diese legendäre Fahrt zu den Pyramiden mit ihren aus jener Zeit stammenden, aber immer noch fahrtüchtigen D-Rädern zu wiederholen. Am 15. November 1998 starteten am Brandenburger Tor Mark Schaller, Günther Lutz und Karl-Heinz Vesenmaier mit ihren R 0/4-Gespannen und nur mit dem Nötigsten im Lastseitenwagen zu dieser abenteuerlichen Tour. Es ging über

So sahen Fernverkehrsstraßen im Balkan aus! Alfred Gäbelmann meldete am 26. Dezember 1927 seinem Sportfreund Schünemann in Leipzig die Ankunft in Konstantinopel. Diese Originalpostkarte ist heute eine Kostbarkeit für D-Rad-Freunde.

Auf der Rückfahrt von Kairo nach Berlin wurden die beiden Abenteurer vor dem Kolosseum in Rom von vielen Motorrad-Enthusiasten begeistert begrüßt.

Mutige Wiederholung der legendären Fahrt nach Kairo im Jahr 1998. Die Biker Mark Schaller, Karl-Heinz Vesenmaier und Günther Lutz starteten mit ihren Oldtimer-D-Rad-Gespannen am 15. November 1998 vor dem Brandenburger Tor und kamen am 2. Januar 1999 in Ägypten vor den Pyramiden an.

Am 6. Februar 1999 waren Günther Lutz und Karl-Heinz Vesenmaier wieder zurück. Mark Schaller erlitt leider auf der Rückfahrt einen Unfall, so dass er aufgeben musste. Die glücklichen Heimkehrer wurden in Werder herzlich empfangen.

Foto: Dorothea Scholz-Janicke

Die strapazierten Gespanne waren eine Zeit im Zweiradmuseum in Werder zu bewundern. Rosemarie Jordan, die Leiterin des Museums, begrüßt Günther Lutz und Karl-Heinz Vesenmaier.

Foto: Dorothea Scholz-Janicke

die Alpen, durch Griechenland, die Türkei und am Meer entlang nach Ägypten. Sie kamen am 2. Januar 1999 bei den Pyramiden an. Die Rückfahrt über Zypern, Italien und Frankreich verlief nicht ganz so glatt, denn Mark Schaller hatte einen Unfall und konnte nicht weiterfahren. Nach zwei Monaten kamen Günther Lutz und Karl-Heinz Vesenmaier mit ihren D-Rad-Gespannen wohlbehalten wieder in Berlin an und fuhren gleich nach Werder weiter, wo sie begeistert empfangen wurden. Ihre Gespanne konnte man im Zweiradmuseum in Werder eine Zeit lang bewundern.

Die „Star" (1919–1920)

Als der Krieg verloren war, durften die Deutschen Werke natürlich keine Waffen mehr herstellen. Man musste sich möglichst schnell nach einer anderen Produktion umsehen und entschloss sich, damals nicht ungewöhnlich, in die Motorradfertigung einzusteigen. Um Entwicklungszeit zu sparen, entschied man sich, die schon unter dem Namen „Star" im Handel befindliche Konstruktion des Berliner Ingenieurs H. F. Günther zu übernehmen.

Die „Star" ähnelte sehr der bereits seit 1913 gebauten englischen „Douglas", die auch in Deutschland gern gefahren wurde und zu den erfolgreichsten Vorkriegsmotorrädern zählte. Der seitengesteuerte Boxermotor hatte einen Hubraum von 350 cm³. Der von Günther nachempfundene Zweizylinder-Boxer war ebenfalls längs eingebaut, hatte 61 mm Bohrung, 67 mm Hub, einen Hubraum von 393 cm³, leistete etwa 3 PS und brachte das Krad unter günstigen Bedingungen bis auf 65 km/h.

Diese erste „Star" mit der internen Bezeichnung „M 22" hatte aber, wie sich bald herausstellte, einige Macken. Sie lief lange nicht so gut wie ihr Vorbild, die „Douglas" und war sehr störanfällig. Der Grund lag nicht nur in Konstruktionsmängeln, sondern auch in der nicht gründlichen Erprobung. Der „Star" haftete aber noch ein grundsätzliches Problem an: Bei einem in Fahrtrichtung längs eingebauten, fahrtwindgekühlten Boxermotor ist der hintere Zylinder im Nachteil, und man muss besondere Sorgfalt für sein thermisches Verhalten aufwenden. Der 1984 leider viel zu früh verstorbene Erwin Tragatsch bemerkte in seinem Buch „Berühmte Motorräder" zu diesem Modell sehr treffend: „Die Kunden bevorzugten Motorräder, bei denen man sich nicht am nach hinten liegenden Zylinder die Zigaretten anzünden konnte!" Außerdem wirkten die zerklüfteten Brennräume klopffördernd, begrenzten die Verdichtung und damit auch die erzielbare Leistung. Interessant ist ein Vergleich der Schnittzeichnungen des D-Rad-Motors mit dem zur gleichen Zeit entstandenen Motor der BMW R 32.

Das allererste „D-Rad" (1921–1924)

Massive Beschwerden der Käufer forderten die alsbaldige Abstellung der Mängel. Der zuständige Spandauer Ingenieur Emil Fischer bemühte sich, die Maschine zu verbessern und auch das Image aufzupolieren, indem er die Typbezeichnung „Star" in „Prä-

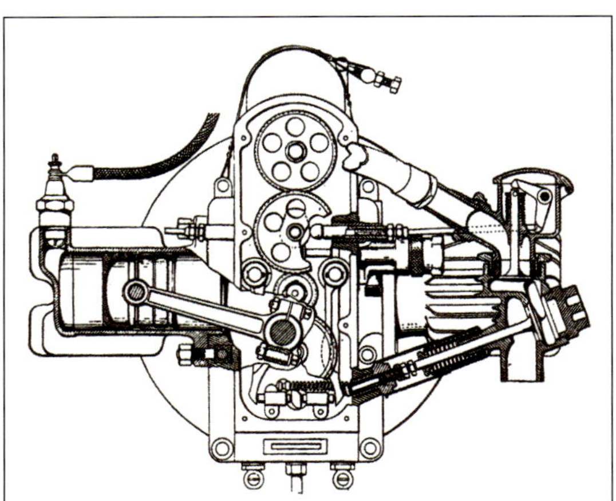

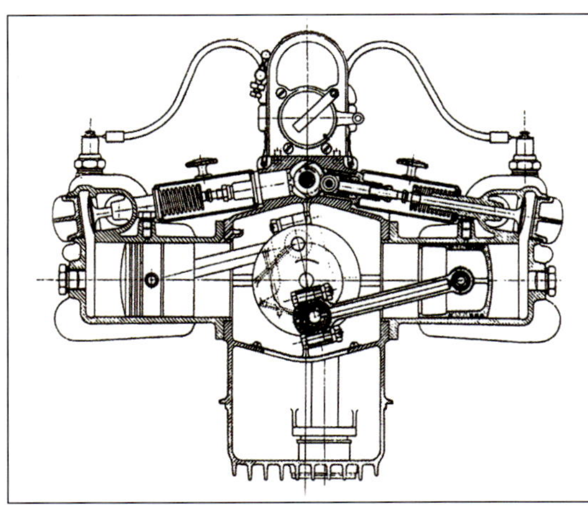

Diese beiden Viertakt-Zweizylinder-Boxermotoren entstanden zur gleichen Zeit. Links der von Günther konstruierte 400-cm³-Motor der „Star", der in Fahrtrichtung längs eingebaut war. Er hatte stark zerklüftete Brennräume. Leistung 3 PS. Rechts der von Martin Stolle und Max Friz entwickelte 500-cm³-Motor der BMW R 32, den Fiz quer zur Fahrtrichtung einbaute. Leistung 8,5 PS bei 3300/min.

Das von Udo Müller, dem Vorsitzenden des MC Blütenstadt Werder, sorgfältig restaurierte „D-Rad", Modell 23, Baujahr 1922.

zision" änderte. Aber an den Motor traute er sich nicht heran. Schließlich musste sich der 1921 eingestellte Chefkonstrukteur Ing. H. Christiansen mit der Weiterentwicklung dieses Modells befassen, das nun erstmals den Namen „D-Rad" und die interne Bezeichnung „M 23" erhielt. Rahmen, Getriebe und Schaltung wurden verbessert, die Schutzbleche und der Tank bekamen eine neue Form und die Farbgebung änderte sich. Das bisher gelbe Motorrad erhielt die für die D-Räder typische schwarz-grüne Lackierung. Der Motor blieb aber im Wesentlichen unverändert. Die Einlassventile musste man per Hand ölen und dafür die kleinen Klappen über den Ventilen öffnen. Der Vergaser holte sich die Ansaugluft aus der Umgebung des hinteren Zylinders. Das Vorderrad war noch ohne Bremse. Die Schmiernippel dienten zur Schmierung der kurzen, gezogenen Schwinghebel. Das Hinterrad hatte eine kombinierte Außenband- und Innenbackenbremse. Der bekannte Flieger Ernst Udet soll eine solche Maschine eine Zeit lang gefahren haben.

Christiansen, der inzwischen den Titel Oberingenieur erhalten hatte, überarbeitete die Maschine 1924 noch einmal, änderte die Ölversorgung des Motors, den Vergaser, den Ansaugtrakt und wiederum Tank und Schutzbleche.

Das Vorderrad der M 23 hatte noch keine Bremse. Mit den beiden Schmiernippeln wurden die kurzen, gezogenen Schwinghebel der Vorderradgabel geschmiert.

Die kombinierte Hinterradbremse der M 23. Der Handbremshebel betätigte die Außenbandbremse der Bremstrommel, die Fußbremse wirkte als Innenbackenbremse.

Das Modell R 0/4 war das erste „D-Rad" mit dem typischen 500-cm³-Einzylinder-Viertaktmotor. Es war von Obering. Christiansen in den „Deutschen Werken" entwickelt worden und der Anfang einer erfolgreichen Modellreihe. Das Foto zeigt eine R 0/4 im Originalzustand.

Trotzdem wurde auch dieses letzte Zweizylinder-Modell, das die Bezeichnung „M 24" bekam, kein Erfolg. Der in seiner Grundkonzeption unverändert gebliebene Motor war ständig „wärmekrank" und alle Kunstgriffe halfen nicht, die thermischen Probleme zu lösen. Bei Motoren, die für sportliche Wettbewerbe vorgesehen waren, musste man zur Wasserkühlung übergehen.

Damals arbeitete in der Versuchsabteilung in Spandau der talentierte Techniker Brumm, der es blendend verstand, den Motoren einige zusätzliche Pferdestärken zu entlocken. Man kannte ihn unter dem anerkennenden Spitznamen „Papa Brumm". Später machte er sich selbstständig und war in den zwanziger und dreißiger Jahren Berlins erfolgreichster Motoren-Tuner. Aber auch er konnte das „Rotwerden" des luftgekühlten hinteren Zylinders nicht beseitigen. Tragatsch berichtet sarkastisch, dass Papa Brumms Feilen nicht genug Material von den immer wieder fressenden Kolben abnehmen konnten.

Die Ausführung „EZ" der R 0/4 mit elektrischer Beleuchtung, Zündlichtmaschine, Batterie und Ballhupe. Anstelle des heute üblichen Abblendsystems gab es damals nur eine „Hell-Dunkel-Schaltung". Erst langsam führten sich die Bilux-Lampen ein.

Die R 0/4, der erste „Spandauer Springbock" (1924 – 1927)

Auch der Chefkonstrukteur Christiansen war von dieser Zweizylinder-Boxer-M 24 nicht überzeugt und begann deshalb schon bald mit der Entwicklung eines völlig neuen „D-Rades", das sich grundsätzlich von den bisherigen Baumustern unterschied. Es war das erste typische Einzylinder-D-Rad mit dem problemlosen, senkrecht stehenden, seitengesteuerten Motor mit 500 cm³ Hubraum, der 10 PS bei 3800/min abgab. Die Bohrung betrug 82 mm, der Hub 94 mm, Maße, die auch bei den folgenden Modellen nicht mehr geändert wurden. Das Dreigang-Getriebe war mit dem Motor verblockt und hing in einem stabilen Doppelschleifenrahmen. Nur die Federung des Vorderrades und die Gewichtsverteilung waren nicht so

Das Motorgehäuse der R 0/4 und das Dreiganggetriebe waren zu einem Block vereinigt. Der Graugusszylinder, dessen Kopf noch nicht abnehmbar war, wurde von zwei Klappschrauben auf dem Motorblock gehalten. Neben der Öleinfüllung befand sich die Betätigung für eine Handölpumpe, mit der bei starker Belastung des Motors zusätzlich Öl direkt auf die Zylinderlaufbahn gespritzt werden konnte. Der Zischhahn im Zylinderkopf diente der Starterleichterung. Es gab noch keine benzinfesten Schläuche, deshalb die kunstvoll gewundene Kupfer-Benzinleitung.

Der kleine verrippte Turm oben auf dem Zylinder musste heraus geschraubt werden, um an das Auslassventil heran zu kommen. Der Schalthebel lag am Tank. Drehgas war noch unbekannt. Der über Bowdenzug zu betätigende Ventilausheber erleichterte das Antreten.

gut gelungen, was sich negativ auf die Straßenlage auswirkte. Die R 0/4, die ab 1924 gefertigt wurde, war also der erste echte „Spandauer Springbock" .

Trotz dieses keineswegs unbegründeten Spitznamens war die R 0/4 aber ein grundsolides Motorrad, sorgfältig verarbeitet und sprichwörtlich zuverlässig. Es war in seiner billigsten Ausführung schon für 1250,- Mark zu haben und wurde ein echter Verkaufserfolg.

Die billigste „K"-Ausführung hatte Magnetzündung, Ballhupe und noch das unbeliebte Karbidlicht. Wer 200,- Mark drauf legte, bekam die „EZ" mit Zündlichtmaschine, Batterie und Scheinwerfer mit Hell-Dunkelschaltung, Handlampe und Ballhupe. „Hell" war für Landstraßen gedacht, „dunkel" für Ortschaften. Vorn hatte die R 0/4 eine Innenbackenbremse, hinten eine Klotzbremse, die auf eine gesonderte Bremsfelge wirkte, die extra mit kurzen Speichen an der Nabe befestigt war. Die R 0/4 hatte die damals üblichen Wulst-Hochdruckreifen der Dimension 26"x 3", die mit einem Luftdruck von 3,0 bis 3,5 atü gefahren wurden.

Der mit viel Sicherheit konstruierte Motor-Getriebeblock war pflegeleicht. Die Kraftübertragung von der Kurbelwelle zur im Ölbad laufenden Stahllamellenkupplung und auch zur Zündlichtmaschine erfolgte über staubdicht gekapselte Zahnräder. Vom Getriebe zum Hinterrad führte eine Rollenkette der Dimension 5/8 x 3/8". Die Kettenräder der Solomaschine hatten 18/37 Zähne, die der Beiwagenmaschine 17/42 Zähne. Motor und Getriebe wurden mit dem gleichen Öl geschmiert, es befand sich in einer Wanne unterhalb des Motor-Getriebe-Blocks. Eine einfa-

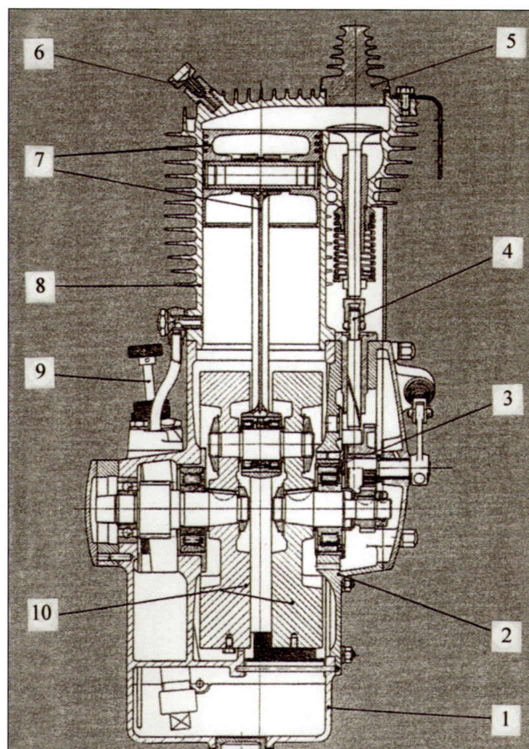

Schnittzeichnung des Motors der R 0/4. Kurbelwelle und Pleuelfuß waren kräftig dimensioniert und auf Rollen gelagert. (1) Kurbelgehäuse aus Aluguss, (2) Kurbelgehäuse- und Räderkastendeckel, (3) Ventilausheber, (4) Ventilstößel, (5) abschraubbarer Turm zum Ventilausbau, (6) Verschraubung für Zischhahn, (7) Pleuelstange mit Kolben, (8) Graugusszylinder, Kopf nicht abnehmbar, (9) Betätigungsgriff für Handölpumpe, (10) Kurbelwelle.

Dieses schwungvolle Titelbild eines Prospektes für das Modell R 0/4 verdanken wir dem bekannten Grafiker v. Römer aus München.

AUSFÜHRUNGSFORMEN

Zur ständigen Ausrüstung des Rades gehören: ein kräftiger Gepäckträger, bequeme Fußbretter mit Gummiauflage, breite Kotflügel, Vorderrad- und Hinterradständer, ein Behälter mit allem erforderlichen Werkzeug, vollständige Bereifung 26"×3", Nummernschild. Mit diesem Zubehör wird das Rad in folgender Ausführung geliefert:

1. Ausführung K mit Karbidbeleuchtung und Ballhupe . . . . Preis 1250 M.
2. Ausführung EZ mit elektr. Beleuchtung durch eingebaute Zündlichtmaschine, Batterie, Scheinwerfer mit Hell- und Dunkelschaltung, Handlampe und Ballhupe . . . . Preis 1450 M.
3. Ausführung K oder EZ mit Seitenwagen Mehrpreis 375 M.

Auf Wunsch kann die K-Maschine anstatt mit Karbidbeleuchtung mit elektrischer Lichtmaschine und Magnetapparat geliefert werden, gegen einen Mehrpreis von 150 M.

Preise für D-Räder mit Lieferwagen nach besonderer Vereinbarung.

Folgendes Zubehör zu dem D-Rad wird auf besonderen Wunsch geliefert:

1. Mitfahrersitz mit Fußrasten . . . . Preis 30 M.
2. Elektrisches Horn einschl. Montage . . . Preis 30 M.
3. Tachometer m. Gesamt- u. Tageszählwerk Preis 90 M.
4. An Stelle der normalen Bereifung ein Satz Ballonreifen . . . . Mehrpreis 25 M.
5. Kniepolster am Brennstofftank . . . . . Preis 5,— M.

DEUTSCHE WERKE A.G.
WERK HASELHORST, ABTEILUNG D-RAD
Spandau, Berliner Chaussee
Telegrammanschrift: Dewebetrieb Berlin

Konstruktions- und Preisänderung bleibt vorbehalten.

Interessant sind die Angaben über die verschiedenen Ausführungen des Modells R 0/4, das Zubehör und die Preise. Es war die Zeit des Übergangs von der Karbid- zur elektrischen Beleuchtung und zu etwas großvolumigeren und „bequemeren" Reifen.

Das Team der D-Räder bei der ADAC-Deutschlandfahrt 1925. Die R 0/4 mit der Startnummer 454 hatte noch Karbidbeleuchtung.

che Exzenterpumpe förderte es über ein Sieb und ein einstellbares Drosselventil in das Kurbelhaus und in die Vorgelegewelle des Getriebes. Im Kurbelgehäuse wurde es durch Stifte an den Schwungmassen zu den Schmierstellen geschleudert. Das nicht verbrauchte Öl sammelte sich wieder unten im Motorblock. Diese Umlauftauchschmierung war vorteilhafter als die noch oft anzutreffende Frischölschmierung. An der linken Seite des Motorblocks befand sich noch eine Handpumpe, mit der bei Bedarf zusätzlich Öl aus dem Sammelbehälter über ein kurzes Röhrchen direkt auf die Zylinderlaufbahn gespritzt werden konnte. Der Graugusszylinder, der noch keinen abnehmbaren Kopf hatte, war mit nur zwei Schrauben auf dem Motorblock befestigt. Es genügte, die Muttern etwas zu lockern, und schon konnte man die Schrauben aus den Schlitzen im Zylinderfuß herausklappen und den Zylinder abnehmen.

Gewiss, die Motorleistung von 8 bis 10 PS war – verglichen mit einigen anderen 500-cm³-Maschinen – nicht gerade üppig, reichte aber für etwa 90 km/h. Dafür war die Maschine außergewöhnlich robust, eben ein richtiges Gebrauchsmotorrad, oder, wie man damals auch sagte, ein „Bauernmotorrad“. Der Boxermotor der BMW R 32, die seit 1923 auf dem Markt war, brachte es auch nur auf 8,5 PS bei 3300 U/min und ermöglichte etwa die gleiche Höchstgeschwindigkeit. Das Zubehör für die R 0/4 ist in einem Prospekt von 1924 aufgelistet. Die Deutschen Werke beteiligten sich mit der R 0/4 auch erfolgreich an Wettbewerben, beispielsweise an der ADAC-Deutschlandfahrt 1925.

Da sich die R 0/4 wegen ihres stabilen Rahmens und des unempfindlichen Motors auch gut für Beiwagenbetrieb eignete, wurden gleich vom Werk Haselhorst verschiedene Seitenwagenversionen an-

Werbung der Deutschen Industrie-Werke AG. für ihr D-Rad R 0/4 mit Seitenwagen anlässlich der Deutschen Automobilausstellung Berlin 1926 in der Zeitschrift „Motorrad“.

Der Herstellerbetrieb bot komplette Gespanne gleich ab Werk an. Preis 1825 Mark. Dieses Bild zeigt eine R 0/4 mit dem typischen Original-D-Rad-Seitenwagen.

Heimfahrt von der Trauung im Jahr 1926. Links der damals bekannte Magdeburger Motorradrennfahrer Hans Lutz mit seiner frisch angetrauten Gattin, rechts die Trauzeugen. Das linke Gespann ganz ohne Beleuchtung, das rechte Gespann mit Karbidlicht. Sturzhelme wurden damals nur bei Rennen getragen. Dem festlichen Anlass entsprechend sind die Herren mit Zylinder, die Dame mit elegantem Hut zu sehen.

geboten. So ein komplettes Gespann kostete 1825,- Mark. Das war noch weniger als man für die BMW R 32 als Solomaschine (Grundausstattung) aufwenden musste, nämlich 2200,- Mark. Und Seitenwagen-Fahren war damals sehr beliebt.

Die R 1/4 „Sportausführung"

Die Motorradhersteller hatten schon frühzeitig erkannt, wie werbewirksam Erfolge bei motorsportlichen Veranstaltungen sein können und dass nicht wenige Fahrer einen möglichst sportlichen „Untersatz" begehrten. Deshalb erschien schon bald eine etwas flottere Ausführung der ansonsten sehr biederen R 0/4, die „Sportausführung" R 1/4. Der Motor hatte einen Leichtmetallkolben mit entsprechend schlanker Pleuelstange, geringere Schwungmassen, eine etwas höhere Verdichtung und erreichte höhere Drehzahlen, was die Leistung bis auf 12 PS brachte und die Maschine etwa 110 km/h schnell sein ließ. Der Motor war aber auch empfindlicher geworden, und so war zur Sicherheit gleich am Tank eine Handölpumpe angebracht, mit der man bei größerer Beanspruchung, zum Beispiel bei Steigungen oder längerer schneller Fahrt, dem Motor zusätzlich Frischöl zuführen konnte. Der Motor hatte auch einen anderen Vergaser bekommen, einen „Spezial-Zweihebel-Kolbenschieber-Vergaser" mit getrennter Kraftstoff- und Luftregulierung. Anstelle der Fußbretter gab es moderne, verstellbare Fußrasten. Der Gangschalthebel war am Rahmen direkt über dem Getriebe angeordnet. Der Tank war etwas größer und fasste elf Liter Kraftstoff und einen kleinen Behälter für 1,5 Liter Ölreserve. Die Maschine kostete 1300,- Mark. Wenn man die Ausrüstung mit Bosch-Zündlichtmaschine, Batterie, Scheinwerfer mit Hell-Dunkel-Schaltung und Handlampe wünschte, musste man noch 225,- Mark drauflegen.

Von diesem „frisierten" Sportmodell R 1/4 haben nicht so viele Exemplare die Zeiten überdauert wie von der R 0/4, und man findet sie seltener auf Oldtimer-Veranstaltungen. Von den Baureihen R 0/4 und R 1/4 wurden in den Jahren 1924 bis 1927 insgesamt 25 500 Stück verkauft.

Die R 0/5 (1927 – 1928)

Nach einigen Querelen mit seinen vorherigen Arbeitgebern trat 1926 der erfahrene, tüchtige und inzwischen schon prominente Oberingenieur Martin Stolle als Chefkonstrukteur in das sich jetzt „Deutsche Industrie-Werke AG., Abteilung D-Rad" nennende ehemalige Artilleriewerk in Berlin-Spandau ein. Damit begann dort tatsächlich eine neue Ära! Stolle nahm sich zuerst das unerzogene Fahrverhalten des „Spandauer Springbocks" vor. Er bemühte sich, die Federung zu verbessern, indem er weichere Blattfedern einbaute und der Gabel nadelgelagerte „Wipphebel" verordnete. Auch der Motor bekam eine Pleuellagerung mit Nadellagern. Der vordere Kotflügel wurde verbreitert. Stolle hielt auch die Hinterrad-Klotzbremse für nicht mehr zeitgemäß und sah eine Innenbackenbremse vor. Das neue Modell R 0/5 kam noch 1927 auf den Markt. 2 000 Stück wurden davon gebaut.

Die R 0/6 (1928 – 1929)

Der aktive Martin Stolle ließ sehr bald das Modell R 0/6 folgen mit einem weiterentwickelten und leistungsgesteigerten Motor mit Leichtmetallkolben, besserer Kühlung und Druckspritzölung, der jetzt auch einen abnehmbaren Zylinderkopf mit einem günstigeren Brennraum hatte. Kurbelwelle und Pleuel waren rollengelagert. Er verbesserte auch den Massenausgleich und erreichte, dass der Motor sichere 12 PS abgab. Bohrung 82 mm und Hub 94 mm waren unverändert geblieben. Die Bremsen und die Vorderradgabel wurden weiter verbessert (größere Innenbackenbremsen vorn und hinten). Als Bereifung konnte man zwischen 27 x 3,5" oder den etwas breiteren 27 x 3,85" wählen. Die Höchstgeschwindigkeit betrug 90 km/h, die Leermasse 140 Kilogramm. Das

Die R 1/4 war die Sportversion der R 0/4. Sie hatte einen etwas schnelleren Motor, einen breiteren Tank mit Kniekissen, verstellbare Fußrasten anstelle der Fußbretter, und den Gangschalthebel nicht mehr am Tank, sondern direkt über dem Getriebe.

Links am Tank der R 1/4 befand sich eine Handölpumpe, um dem leistungsgesteigerten Motor bei Bedarf (bequemer als bei der R 0/4) eine zusätzliche Ölung verpassen zu können. Das Hinterrad wurde noch mit der Klotzbremse der R 0/4 gebremst, das Vorderrad hatte eine Innenbackenbremse.

Bei der verbesserten R 0/5 hatte man sich endlich von der Klotzbremse getrennt und auch das Hinterrad mit einer Innenbackenbremse ausgerüstet. Von der R 0/5 wurden von 1927 bis 1928 nur 2000 Stück gebaut. Sie ist deshalb seltener zu sehen als die R 0/4, von der fast 13 mal soviel hergestellt wurden.

Die R 0/6 hatte den Schalthebel nicht mehr am Tank, sondern – wie die sportliche R 1/4 – direkt über dem Getriebe. Sie wurde von 1928 bis 1929 gebaut, insgesamt 9 000 Stück. Sie trug ein dreieckiges „D-Schild" am Tank.

Der senkrecht stehende Motor der R 0/6 war endlich mit einem abnehmbaren Zylinderkopf ausgerüstet worden.

Die R 9 war leicht an dem schräg nach vorn geneigten Zylinder zu erkennen. Der Motor gab 12 PS ab, das reichte für 100 km/h. Sie war ein beliebtes Tourenrad. Von 1929 bis 1930 wurden 10 000 Exemplare hergestellt.

Modell verkaufte sich gut und innerhalb eines Jahres konnten 9 000 Maschinen abgesetzt werden.

Bemerkenswert ist, dass auch die R 0/6 auf Wunsch noch mit Karbidbeleuchtung und Ballhupe zu haben war. Der Karbidbehälter bzw. Gaserzeuger war links an der Vorderradgabel befestigt. Der Übergang zur elektrischen Beleuchtung kam erst langsam in Gang und kostete einen Aufpreis, den sich manche Käufer sparen wollten, da sie ja doch nur bei Tageslicht fahren wollten. Gesetzlich vorgeschrieben war elektrisches Licht noch nicht. Andererseits war das Abblendproblem im Prinzip schon gelöst, denn seit 1926 gab es die Osram-Bilux-Lampen, für die Bosch geeignete Scheinwerfer lieferte.

Die R 9, das letzte „Bauernmotorrad" (1929 – 1930)

Anfang 1929 kam das Modell R 9 heraus (die Typbezeichnung 0/... entfiel). Zunächst wurde die Maschine mit Stecktank ausgeliefert, bekam aber später auch einen gefälligeren und modernen Satteltank. Auffallendes Merkmal dieses Modells war der um 30 Grad nach vorn geneigte Zylinder. Dies entsprach dem Geschmack der Zeit und gab der Maschine eine etwas elegantere Linie. Man erhoffte sich auch eine Verbesserung der Straßenlage durch den günstigeren Schwerpunkt. Die größeren Kühlrippen kamen wohl mehr der Standfestigkeit und Lebensdauer des Motors als seiner Leistung zugute, denn die wurde nach wie vor mit 12 PS angegeben. Dies ist wohl auch ein Grund, weshalb noch heute – nach 70 Jahren – Maschinen im Originalzustand im Einsatz sind. Auch mit Seitenwagen läuft die R 9 immer noch erstaunlich gut.

Kaum zu glauben: Dieser R 9 -Motor-Getriebe-Block befindet sich noch im Originalzustand und arbeitet völlig einwandfrei, und das nach 70 Jahren und vielen, vielen Ausfahrten.

Dank der Robustheit der R 9 sind heute noch etliche Exemplare voll einsatzbereit. Die abgebildete Maschine hat den bisher gebräuchlichen Einstecktank, der später durch einen Satteltank ersetzt wurde.

Gewiss, die R 9 war eine solide und robuste Tourenmaschine, aber sie hinkte inzwischen technisch gesehen ihrer Zeit hinterher und solche „Bauernmotorräder" verkauften sich zunehmend schlechter. Gebaut wurden immerhin 10 000 Stück, jedoch hatte man große Mühe, sie trotz des herabgesetzten Preises (1045,- Mark) und mehrerer Farbvarianten an den Mann zu bringen. Als 1932 die Marke „D-Rad" von NSU übernommen wurde, standen noch weit über 1 000 nicht verkaufte D-Räder in Spandau herum. Aus diesen Restbeständen stammt auch die im Stadtgeschichtlichen Museum in der Spandauer Zitadelle gezeigte, noch völlig original erhaltene R 9 mit Satteltank.

Der stabile Rahmen der R 9 machte sie auch für Seitenwagenbetrieb hervorragend geeignet. Udo Müller bei einer Oldtimer-Ausfahrt. Im Beiwagen Rosemarie Jordan.

Die R 10, Sportmaschine mit 20 PS (1930 – 1931)

Martin Stolle, selbst begeisterter Motorradfahrer, kannte natürlich die Vorstellungen der Motorradfans, wusste aber auch, dass sich aus dem bisher gebauten seitengesteuerten Fünfhunderter nicht wesentlich mehr Leistung herauskitzeln ließ. Und würden die Maschinen tatsächlich schneller fahren, dann wäre wahrscheinlich der Rahmen mit der antiken Blattfedergabel überfordert gewesen. Wenn also die Wün-

Diese R 9, bereits mit Satteltank, steht im Stadtgeschichtlichen Museum in Berlin-Spandau. Sie stammt aus dem Restbestand der bis zur Übernahme durch NSU nicht mehr verkäuflichen Maschinen und wurde absichtlich nicht restauriert.

sche sportlicher Fahrer erfüllt werden sollten, dann half nur eine völlige Neukonstruktion, etwas ganz Modernes, eine echte Sportmaschine. Das erste Muster der neuen R 10 wurde im Herbst 1928 fertig, die Serie lief aber erst 1930 an, leider viel zu spät.

Erstes Merkmal der neuen R 10 war der für ein „D-Rad" völlig ungewohnte obengesteuerte 500-cm^3-Motor mit voll gekapselten Ventilen. Zylinder und Zylinderkopf waren aus Grauguss, der Kolben aus Leichtmetall. Die schon traditionellen 82 mm Bohrung und 94 mm Hub waren beibehalten worden. Kipphebel und Pleuel waren nadelgelagert, die Kurbelwelle war rollengelagert. Stolle hatte sich auch bei diesem Motor um einen guten Massenausgleich bemüht. Der günstig gestaltete Brennraum erlaubte eine höhere Verdichtung von 6:1. So konnte eine Leistungsabgabe von 20 PS bei 5000/min bzw. eine sichere Dauerleistung von 18 PS bei 4800/min erreicht werden. Damit fuhr die Maschine locker 125 km/h.

Zweites Merkmal: Motor und Getriebe waren nicht mehr verblockt, sondern getrennt angeordnet. Hierdurch ergab sich eine niedrigere Schwerpunktlage. Zwischen Motor und Getriebe hatte Stolle den Motoröl-Behälter angebracht, der sich der Form des Kurbelhauses anpasste. Eine doppelt wirkende Pumpe förderte das Öl zum Motor und zurück, eine Art Trockensumpf. Durch die Unterbringung des Motoröles in einem gesonderten Behälter erhoffte sich Stolle außerdem eine Ölrückkühlung. Später erhielt der Motor eine Druckumlaufschmierung.

Drittes Merkmal: Der Motor und das klauengeschaltete Dreiganggetriebe waren in einem neuen, unten offenen Rohrrahmen untergebracht. Auch die alte Blattfedergabel hatte ausgedient und war einer Tigergabel mit zwei auf Zug beanspruchten Spiralfedern gewichen. Dem Trend der Zeit folgend waren auch Reibungsstoßdämpfer und eine während der Fahrt nachstellbare Flatterbremse vorhanden. Die Maschine hatte eine deutlich bessere Straßenlage und stand jetzt in ihren Fahreigenschaften anderen Maschinen nicht mehr nach, sie war also kein „Springbock" mehr.

Der erste Gang war 1:2,89 übersetzt, der zweite 1:1,7 und der dritte direkt. Der Schalthebel war griffgünstig oben neben dem Tank befestigt. Primär- und Sekundärantrieb erfolgten durch Rollenketten, Gesamtübersetzung 1:4,95. Der Radstand betrug 1400 mm, die Sattelhöhe 700 mm und die betriebsfertige Maschine wog 148 Kilogramm.

Die R 10 war eine gelungene Konstruktion, die mit ihren inzwischen in Mode gekommenen doppelten Auspuffrohren nicht nur rassig aussah, sondern sich auch gut in die damalige allgemeine Angebots-

Etwas völlig Neues: Das Sportmodell R 10 mit kopfgesteuertem 20 PS-Motor und separatem Getriebe, neuem Rahmen mit Tigergabel und modernem Doppelauspuff. Es wurde von 1930 bis 1931 gebaut.

Abkehr von der Blockbauweise. Primärantrieb durch Kette 1/2 x 5/16", Sekundärkette 5/8 x 3/8". Der Schalthebel für das Dreiganggetriebe war am Tank angebracht.
Der Tachoantrieb erfolgte vom Hinterrad aus.

Der interessante Motorblock der R 10. Die hängenden Ventile werden durch Stoßstangen und Kipphebel bewegt. Über ein Zwischenrad wird die Zündlichtmaschine angetrieben. Im Kurbelhaus befindet sich auch die doppeltwirkende Ölpumpe für die Trockensumpfschmierung. Der Ölbehälter ist geschickt zwischen Motor und Getriebe angeordnet.

Rosemarie Jordan auf ihrer Sportmaschine R 10, dahinter Arndt Ehlers mit seiner R 9 beim D-Rad-Treffen 1995 in Glindow bei Werder. Auch beim D-Rad-Treffen 2000 fuhren beide wieder mit.

palette einfügte. Die Maschine kostete 1390,- Mark, wobei die elektrische Lichtanlage, Boschhorn und Tachometer im Preis inbegriffen waren. Es wurden insgesamt 3 500 Stück gebaut.

Wettbewerbs-, Renn- und Spezialmaschinen

Die Deutschen Werke nahmen erfolgreich an vielen Wettbewerben und Rennen teil. Die Versuchswerkstatt experimentierte mit verschiedenen Motorvarianten und allen denkbaren Ventilantrieben bis hin zur Königswelle. Eine 1930 eingesetzte 500-cm^3-Einzylinder-Rennmaschine hatte zwei Einlass- und ein Auslassventil und erreichte auf der Avus immerhin 150 km/h. Das D-Rad des Leipziger Rennfahrers Alfred Gäbelmann hatte einen Zylinderkopf mit zwei obenliegenden Nockenwellen. Leider verunglückte er mit dieser Maschine bei der Fahrt zu einem Rennen. Damals war es noch üblich, mit den Wettbewerbsmaschinen per Achse anzureisen.

Die Serienmodelle mit den harten Blattfeder-Vorderradgabeln waren natürlich keine Basis für Geschwindigkeitswettbewerbe. Dafür errangen sie bei Zuverlässigkeitsfahrten oft vordere Plätze. Daran hatte Martin Stolle, der Chef der Werksmannschaft, großen Anteil. Er verlangte von seinen Fahrern große Disziplin und Einsatzbereitschaft. Er trainierte sie nicht nur im Sommer, sondern auch im Winter, zum Beispiel auf Saalfahrrädern. Er war der Ansicht, dass Kunstradübungen und Fahrradkunststücke auch der Beherrschung der Rennmaschinen zugute kommen würden. Stolle selbst, der etliche Jahre älter war als seine Fahrer, übte fleißig mit und gab dabei gar keine schlechte Figur ab.

Die große Mode des Jahres 1930 waren Erdbahn-Motorradrennen. Man sträubte sich damals gegen die Übernahme des Wortes „Dirt-Track-Racing" und sprach lieber von Aschenbahn- oder Schlackenbahnrennen, obgleich Amerika und Australien die Ursprungsländer dieser Sportart waren. Seit 1928 blühten die Aschenbahnrennen auch in England auf, wo man mit Vorliebe die Laufbahnen der Leichtathletik-Wettbewerbe nutzte, die in den meisten englischen Fußballplätzen bereits vorhanden waren. In Deutschland wurde die erste Bahnanlage für 25 000 Zuschauer im Frühjahr 1929 in Hamburg-Lockstedt eröffnet. Bald folgten Stuttgart, München und Berlin.

Gefahren wurde mit Spezialmaschinen mit möglichst niedrigem Rahmen bzw. geringer Sattelhöhe. Die Motoren arbeiteten meist nur mit Kupplung, ohne Schaltgetriebe, mit nur einer Gangstufe, die so abgestimmt war, dass sich bei Höchstdrehzahl des Motors eine Geschwindigkeit von etwa 80 km/h ergab. Das Anzugsvermögen dieser Apparate war natürlich enorm. Anstelle der fehlenden Fußraste war rechts am Rahmen ein Bügel angebracht, in den das Knie gelegt wurde, damit die nach links in die Kurve gedrückte Maschine wieder aufgerichtet werden konnte.

Über das Aschenbahn-D-Rad schreibt Martin Stolle in seinem Manuskript „Ein Leben den Motoren gewidmet": „Zum Weihnachtsfest schenkten wir 1931 unserer Generaldirektion eine aus Teilen der R 10 hergestellte Aschenbahnmaschine, die ohne Kupplung und ohne Bremsen und nur mit einem Gang ausgerüstet war. Mit diesem Rad wurde eine ganze Reihe von Preisen auf den Aschenbahnen geholt." Der 496-cm^3-Motor leistete 25 PS bei 5000 U/min, der Radstand betrug 1280 mm, die Sattelhöhe 610 mm, sie wog 95 Kilogramm und der Tank fasste fünf Liter. Unter dem Sattel befand sich der Öltank für ein Liter Motoröl.

Außer den Deutschen Werken bauten zum Beispiel auch DKW, Standard, UT und Victoria solche Spezialmaschinen. Die Reifenindustrie lieferte Spezialreifen mit hohen Stollen und immer mehr Motorradspezialisten widmeten sich dieser neuen Sportart. Einer der großen Matadore auf deutschen Erdbahnen war Franz Heck, der Sohn des Berliner Zoodirektors. Sein Erkennungszeichen war eine weiße Lederhose, in der er seine Bahnrunden drehte.

Aschenbahn-Premiere in München im April 1930. Die Startnummer 21 hatte Heck/Berlin und die Nummer 8 Vogl/München. Bei diesem Rennen konnte Franz Heck noch nicht sein Aschenbahn-D-Rad fahren.

Die 1930 neu herausgekommene Aschenbahnmaschine der Victoria-Werke AG. Nürnberg mit dem längsliegendem BMW-Boxermotor M2 B15 von Martin Stolle. Rechts neben dem Tank der große Bügel für das rechte Knie des Fahrers.

Die gelungene 496 cm^3-D-Rad-Aschenbahn-Spezialmaschine, 25 PS bei 5000/min, Radstand 1280 mm, Sattelhöhe 610 mm, Tankinhalt 5 Liter, fahrfertig 95 kg, mit Conti-Spezialbereifung. Für den richtigen Sound sorgte das superkurze Auspuffrohr. Unter dem Sattel der Ölbehälter für die Motorschmierung.

So mangelhaft die Wiedergabe dieses Fotos ist, so ist es vielleicht das einzige Bild, das es vom Einsatz der D-Rad-Aschenbahn-Spezialmaschine noch gibt. Es zeigt Franz Heck, den Sohn des Berliner Zoo-Direktors, 1931 in voller Fahrt. Sein Erkennungszeichen war die weiße Lederhose.

Die R 11, die etwas billigere Tourenmaschine (1931 – 1932)

Durch die Geldentwertung, Billig-Importe und Überproduktion mancher Werke geriet die gesamte Motorradindustrie um 1930 in eine Krise, die auch vor den „Deutschen Industrie-Werken" nicht halt machte. Man hoffte, mit einem von der R 10 abgeleiteten billigeren Modell mit einem wieder seitengesteuerten Motor den Absatz verbessern zu können. Martin Stolle entwarf deshalb den Typ R 11, dessen Motor bei einem Hubraum von 496 cm^3 16 PS bei 4600 U/min abgab und auch wieder mit dem Getriebe verblockt war. Die Fachpresse rechnete die R 11 zu den damals schönsten Tourenmaschinen und wertete sie anerkennend als Martin Stolles reifste Konstruktion.

Der allererste R 11-Versuchsmotor hatte 550 cm^3 und soll nach Aussagen von Augenzeugen ein Gedicht gewesen sein. Er lief weich, war elastisch, gut ausgeglichen und hatte ein großes Durchzugsvermögen (Bericht in „Das Motorrad" von Gustav Mueller). Aber auch der Serienmotor mit 500 cm^3 stand den Versuchsmustern nicht nach. Die nun schon für D-Rad-Motoren typischen 82 mm Bohrung und 94 mm Hub waren auch bei dieser Motorenreihe beibehalten worden. Das Verdichtungsverhältnis betrug 1:4,5, die 16 PS lagen bei 4600 U/min an. Der Benzinverbrauch wurde mit 3,5 Liter / 100 Kilometer und der Ölverbrauch mit 0,25 Liter / 100 Kilometer angegeben. Primärantrieb durch Rollenkette 1/2 x 5/16", Sekundärantrieb durch Rollenkette 5/8 x 3/8". Beide Räder hatten Steckachsen und Bereifung 27 x 4. Vorder- und Hinterradbremsen waren miteinander verbunden, der Radstand betrug 1385 mm, die Sattelhöhe 695 mm und das Gewicht etwa 150 Kilogramm. Sie lief gestoppte 96 km/h.

Die R 11 hatte die gleiche Triebwerksanordnung wie die R 10, nur war der Motor wieder seitengesteuert. Er gab reichlich 16 PS bei 4600/min ab. Das reichte für etwa 100 km/h. Sie war auch eine ideale Seitenwagenmaschine und wurde von 1931 bis 1932 insgesamt 2500 mal hergestellt.

Es war tatsächlich eine gute, moderne, zuverlässige Tourenmaschine, die nur 1075,- Mark kostete. Aber das war damals trotzdem viel Geld, und inzwischen konnte man die schnellere und kräftigere R 10 schon für – herabgesetzt – 1190,- Mark bekommen. Von der R 11 wurden 2500 Stück gebaut.

Wie befürchtet, ging der Umsatz weiter zurück. Das Werk geriet immer tiefer in die Krise. Die Produktionskapazitäten konnten nicht mehr ausgelastet werden und 1931 wurde auch dem berühmten Martin Stolle gekündigt. Eine Ära ging zu Ende.

Die R 20, das letzte Modell aus Spandau (1932)

Als letzte Rettung warf man 1932 ein kleines, billiges, steuer- und führerscheinfreies Motorrad auf den Markt, die R 20 mit einem 192-cm³-Zweitaktmotor. Den Dreikanal-Zweitakter hatte man nicht selbst entwickelt. Er wurde von der bekannten Dresdener Firma Bark geliefert, die eine ganze Palette von Einbaumotoren anbot. Er gab 6 PS bei 3800 U/min ab und ermöglichte etwa 80 km/h. Ein einfaches, kleines Maschinchen, das laut einer firmeninternen Schrift für den „einfachen Mann" gedacht war, aber immerhin 715,- Mark kostete, zu einer Zeit, als die Weltfirma DKW ihre bekannten und bewährten 198-cm³-Modelle bereits für 325,- Mark anbot! Wer damals eine kleine, leichte und zuverlässige Maschine suchte, ging eben lieber zu DKW. Unter einem D-Rad verstand man immer noch eine schwere, robuste Fünfhunderter. So ließ sich auch mit diesem Modell die Absatzkrise nicht beheben. Es wurden knapp 2000

Motor und Getriebe waren getrennt angeordnet. Der 6-PS-Zweitaktmotor stammte von der Firma Bark aus Dresden, das Dreiganggetriebe lieferte Hurth, München. Primär- und Sekundärantrieb über Ketten 1/2 x 5/16". Der Tank fasste 13 Liter. Für Zündung und Licht sorgte eine 50 Watt Schwungrad-Dynamo-Lichtzündanlage mit Zündverstellung von Hand.

Die R 20 war die letzte Entwicklung aus Spandau, also noch ein „echtes" D-Rad, wenn auch mit ihrem 200-cm³-Zweitaktmotor weit weg von den klassischen großen Einzylinder-Viertaktmaschinen, die für die Marke „D-Rad" lange Jahre typisch waren. Die R 20 wurde von 1931 bis 1932 in 2000 Exemplaren gebaut.

Stück gebaut. Ein sehr gut restauriertes, fahrbereites Exemplar steht im Zweiradmuseum in Werder.

Es gab noch ein allerletztes Modell, eine R 21, die mit einem 250-cm^3-Zweitakt-Bark-Motor ausgerüstet war und mit der man auf Absatzmöglichkeiten in Österreich hoffte, denn dort gab es noch nicht die 200-cm^3-Grenze für steuer- und führerscheinfreie Maschinen. Wie viel Stück dieser R 21 tatsächlich gebaut und geliefert wurden, ließ sich nicht ermitteln. Auch die R 21 konnte den Lauf der Ereignisse nicht mehr aufhalten.

Übernahme durch NSU/Neckarsulm (1932)

Die Regierung bzw. die Deutsche Reichsbank, die hinter den „Deutschen Industrie-Werken AG." in Spandau stand, hielt eine Fusion mit der bekannten Marke NSU für zweckmäßig und veranlasste 1932, dass alles vorhandene Material nach Neckarsulm verlagert wurde. Das dortige Werk nannte sich fortan „NSU-D-Rad Vereinigte Fahrzeugwerke AG. Neckarsulm" und nahm das „D-Rad"-Zeichen der Deutschen Werke mit in sein Firmensignet auf. Es erschien noch bis 1938 auf den Maschinen aus Neckarsulm .

Auf der „Internationalen Automobil- und Motorradausstellung" in Berlin wurden zwar unverändert die letzten D-Rad-Typen angeboten, denn NSU hatte ja bei der Fusion auch 1 700 unverkaufte D-Räder übernommen, doch nach der Vereinigung mit NSU ist in Neckarsulm verständlicherweise kein einziges D-Rad (außer Ersatzteilen) mehr hergestellt worden. So endete das Kapitel Motorradbau der „Deutschen Industrie-Werke AG." in Spandau und einer im In- und Ausland bekannten und geschätzten Motorradmarke. Insgesamt sind etwa 83 000 D-Räder gebaut worden. Sie wurden in viele Länder exportiert, zum Beispiel fuhren die ägyptische und die österreichische Post und die ungarische Polizei D-Räder, meist als Gespanne. Zum Erkennen der einzelnen Modellreihen können auch die Firmensignets an den Tanks helfen.

Die NSU-D-Maschinen, die in Neckarsulm vom Band liefen und noch das typische „D" am Tank zeigten, konnten sich sehen lassen, zum Beispiel die beliebte kopfgesteuerte 251 OSL, die ab 1936 ein Vierganggetriebe mit Fußschaltung hatte. Der Motor leistete 10,5 PS bei 5000 U/min. (Hub 75 mm, Bohrung 64 mm), die Höchstgeschwindigkeit betrug 105 km/h. 1937 kostete sie 825,- RM. Die 251 OSL konnte auf eine lange und erfolgreiche Laufbahn zurückblicken, die 1933 begonnen hatte und erst 1952 zu Ende gehen sollte. Jahrelang war die Viertelliter-Maschine das meistverkaufte Viertakt-Modell im NSU-Programm.

Auch die kleinere Schwester, die NSU-D 201 OSL, erfreute sich großer Beliebtheit. Da Motorräder bis 200 cm^3 steuer- und führerscheinfrei geworden waren, erschien die „kleine" OSL gerade zur richtigen Zeit. Der kopfgesteuerte Motor mit schräg hängenden Ventilen leistete 8,5 PS bei 5000 U/min (Bohrung 58 mm, Hub 75 mm). Die Stoßstangen bewegten sich in dem Rohr zwischen Kurbelhaus und Ventiltrieb, geschickt gekapselt und beinahe wie ein Königswellenantrieb aussehend. Der unten offene Doppel-Stahlrohrrahmen nahm den Motorblock auf, der zur Ölkühlung (Trockensumpf-Umlaufschmierung) leicht verrippt war. Der Primärantrieb war staub- und öldicht gekapselt, der Sekundärantrieb noch offen. Sportliche Fahrer bevorzugten die Ausführung mit hochgezogenen Auspuffrohren. Das galt als besonders schick und ließ vermuten, dass der Fahrer auch mit unwirtlichem Gelände fertig wird. Die 201 OSL lief gut 90 km/h und gab sich mit rund 2,5 Litern/100 Kilometern zufrieden. Sie kostete 745,- RM.

Firmenzeichen an den Tanks der D-Räder: D-Rad M 23 – R 0/4, R 1/4, R 0/5 – R 0/6, R 9 – R 10, R 11, R 20

Noch bis 1938 war an den Motorrädern aus Neckarsulm das Firmenzeichen der beiden vereinigten Werke zu sehen, wie auch an dieser schönen und gepflegten NSU-D 251 OSL, Baujahr 1937, von Wolfgang Bornstädt aus Premnitz. Der kopfgesteuerte Motor leistet 10,5 PS bei 5000/min, die Höchstgeschwindigkeit beträgt 105 km/h.

Wunderschön auch die NSU-D 201 OSL, Baujahr 1936, von Hannes Köhler aus Werder (Havel). Da Motorräder bis 200 cm^3 steuer- und führerscheinfrei geworden waren, erschien die „kleine" OSL gerade zur richtigen Zeit. Der kopfgesteuerte Motor mit schräg hängenden Ventilen leistete 8,5 PS bei 5000/min. Sie kostete damals 745,- RM.

Audi's museum mobile

Projekt in Ingolstadt setzt neue Maßstäbe

von Jürgen Nöll

Der Name ist Programm: museum mobile, das am 15. Dezember 2000 innerhalb des neuen Audi Forum Ingolstadt eröffnete Museum der AUDI AG, ist in ständiger Bewegung: mit „fahrenden Wänden", Ausstellungsexponaten im Paternoster und einem rotierenden Sonnenschutz. Viele bislang unveröffentlichte Bilder und Filmsequenzen sind in der Ausstellung zu sehen. „Schwebende" Motorräder und ungewöhnliche Automobil-Präsentationen setzen weitere Akzente: museum mobile fasziniert, unterhält und bildet.

In rund 18-monatiger Bauzeit mit einem Durchmesser von rund 51 Metern entstanden, symbolisiert das museum mobile schon durch seine Architektur Transparenz, Offenheit und Bewegung – mit verglasten Fronten und offener Bauweise. Von weitem, schon bei der Anfahrt zu Audi als Mittelpunkt des Audi Forum Ingolstadt sichtbar, bietet das museum mobile den Besuchern mit Transparenz Einblicke und lockt mit vierzehn Prototypen, die neben dem Haupteingang von außen und innen sichtbar in einem Paternoster kreisen – in permanenter Bewegung.

Im Innern des vierstöckigen Gebäudes, das mit seinem runden Grundriss und der konzentrischen Raumaufteilung an die Jahresringe eines Baumes erinnert, erwartet die Besucher eine Dauer-Ausstellung, die neue Maßstäbe setzt. So gelang es dem Audi-Projektteam des museum mobile mit historisch fachlicher Beratung der Abteilung Audi-Tradition mehr als 50 Automobile und 30 Motor- und Fahrräder im Wortsinn „bewegend" zu inszenieren – räumlich,

Audi Forum Ingolstadt, museum mobile

Audi Forum Ingolstadt, museum mobile

Architektur bei Audi: Treppenansicht im museum mobile

zeitlich, emotional. Das Leitthema ist dabei die Entwicklung des Kraftfahrzeugs und der Individual-Mobilität. Diese Entwicklung wird am Beispiel von Audi, NSU und den Auto Union Marken der Vergangenheit (Audi, DKW, Horch, Wanderer) erzählt, vernetzt mit dem gesamthistorischen Kontext.

Nachdem Audi-Vorstandsvorsitzender Dr.-Ing. Franz-Josef Paefgen, selbst bekennender Oldtimer-Enthusiast, 1997 den Startschuss für ein Museum gab, veranstaltete Audi einen Konzept-Wettbewerb. Das Ziel: Schaffung einer Darstellungsform, die der europäischen Premium-Marke Audi entspricht. Das bedeutet, Tradition und Vision zu verknüpfen und Zusammenhänge optisch und rational durchschaubar zu machen – in unterhaltsamer Form mit vielen überraschenden Aspekten.

Das unter dem Arbeitstitel „Baumscheibe" der Münchener Designagentur KMS vorgestellte Konzept bot dafür die besten Voraussetzungen und Möglichkeiten. Es gewährleistet ein offenes Forum für Besucher, verknüpft zugleich die Tradition der Marke Audi und ihrer Vorgängerfirmen, macht den Zusammenhang zwischen Kraftfahrzeug, Mobilität und Gesellschaft erkennbar und integriert Themen wie Kunst und Kultur in das Gesamtkonzept.

Für die Besucher des museum mobile ergibt sich aus den konzentrisch angeordneten, offenen Räumlichkeiten im Innern des 22,5 Meter hohen Gebäudes automatisch ein Rundgang, der in dem – runden – Kino in Ebene 0 beginnt. Ein ungewöhnlicher, eigens für das museum mobile konzipierter und produzierter, rund sieben Minuten langer Film stimmt die Besucher auf das Thema Mobilität, Bewegung und Historie ein. Mit modernster Projektionstechnik bietet das Kino (Durchmesser rund 22 Meter) mit seiner drei Meter hohen und 120 Grad abdeckenden Projektionsfläche ein eindrucksvolles Erlebnis – durch einen ebenso ungewöhnlichen wie unterhaltsamen Film mit verschiedenen Dimensionen eines Zeittunnels.

Gebäude „Markt und Kunde"

Am Anfang war der Hilfsmotor: Fahrrad, Marke Edelweiß von 1921, mit einem DKW-Hilfsmotor. Der Volksmund nannte ihn schon bald „Arschwärmer"

Nach dem Besuch des Kinos gelangen die museum mobile-Besucher an einen Aufzug, der sie in das oberste Stockwerk (Ebene 3) bringt – mit doppelter Bewegung: Hinter den Seitenwand-Verkleidungen des Aufzugs aus geätztem Glas rasen auf LED-Anzeigen erzeugte Jahreszahlen vorbei: vom Jahr 2000 bis zurück ins Jahr 1899. Während der Aufzugsfahrt beschleunigen die Jahreszahlen ihr Tempo und bremsen vor Erreichen des Ziels – das Jahr 1899 – langsam wieder ab. Es entsteht die perfekte Illusion einer Zeitreise.

Auf der Ebene 3 des museum mobile landen die Besucher im Jahr 1899. August Horch begrüßt die Besucher aus einem etwa in Augenhöhe postierten Monitor und erzählt in rund einer Minute kurze Geschichten aus seinem Lebenswerk. August Horch schildert seine Philosophie und berichtet über seine Motivation Autos zu bauen – in größtenteils bislang unveröffentlichten Filmsequenzen.

Im Hintergrund laufen Zeit und Geschichte weiter – im wahrsten Wortsinn: Zwei große, parallel zum Gebäude-Radius gebogene Wände („fahrende Wände") mit einer Länge von je zwölf Metern bewegen sich langsam, mit einer Drehzahl von einer Umdrehung pro Stunde, auf einer Kreisbahn um Exponate und Besucher. Die Wände zeigen allgemeine geschichtliche Ereignisse, Hintergründe, Zusammenhänge und Daten. Durch ihre permanente Bewe-

Das Lomos-Sesselrad wurde 1922 gebaut und wird ebenfalls von einem DKW-Motor angetrieben

Wer auch in der Nacht schnell unterwegs sein wollte, brauchte gutes Licht: Die schwere SB 500 von 1936 besitzt einen Doppelscheinwerfer

gung demonstrieren sie eindrucksvoll die Unaufhaltsamkeit der Zeit und geschichtlicher Abläufe.

Aufhalten lassen sich die fahrenden Wände allenfalls durch Besucher, die ihren Weg zu nah kreuzen. Ein hochempfindliches Laser-System hält die Wände an, bevor es zu einer Kollision kommen könnte. Es steuert zudem die Synchronbewegung der mobilen Zeittafeln, die auf fast unsichtbar in Boden und Decke eingelassenen Schienen fahren.

Bis zum Jahr 1949 geht die Zeitreise in der obersten, rund 1 260 Quadratmeter großen Museumsetage. Sie überrascht an vielen Stationen mit neuen, ungewöhnlichen Darstellungen der Audi-Historie.

So unterhalten sich beispielsweise sieben für die Audi-Historie wichtige Konstrukteure, Firmengründer und Manager – von Monitor zu Monitor: Aus Zitaten und Original-Filmmitschnitten haben die Museumsmacher Sequenzen mit charakteristischen Statements und Bemerkungen jeder der historischen Persönlichkeiten herausgefiltert. Jeder der sieben in einer „Gesprächsrunde" angeordneten Monitore zeigt eine der historischen Persönlichkeiten.

Durch die Reihenfolge der Einspielungen ergibt sich so eine angeregte und informative dreiminütige Unterhaltung von beispielsweise DKW-Gründer Jörgen Skafte Rasmussen (1878–1964), Auto Union-Rennwagen-Konstrukteur Dr. Robert Eberan-Eberhorst (1902–1982) sowie DKW- und Auto Union-Manager Dr. Carl Hahn (1894–1961).

Bei der Fortsetzung des Rundgangs auf Ebene 3 erfahren die Besucher Details über den Karosseriebau der automobilen Frühzeit, illustriert mit auf großen Glasscheiben aufgezeichneten Grafiken (und einigen automobilen Exponaten aus der Horch-, Audi- und Wanderer-Frühzeit). Durch den Luftraum des Treppenhauses zur Ebene 2 scheinen Motorräder zu fahren: Eine DKW ZW 500 und eine Wanderer K 500 erwecken durch ihre Aufhängung auf Höhe der Ausstellungsebene den Eindruck, als schwebten sie schwerelos über dem Abgrund.

Die Auswirkungen der Weltwirtschaftskrise auf die Automobilindustrie zeigt eine große Gazewand, hinter der die Namen der 60 vor dem Schwarzen Freitag am 29. Oktober 1929 existierenden deutschen

Bereits vor dem Zweiten Weltkrieg war die Marke DKW im Motorrad-Rennsport ein fester Begriff. Die beiden Rennmaschinen vom Typ US 250 und SS 350 entstanden 1939

Autofirmen leuchten. In einer auf 70 Sekunden eingedampften Episode illustriert die Gazewand den Untergang der deutschen Autofirmen von 1929 bis 1936: Ein Firmenname nach dem anderen erlöscht – in der Reihenfolge ihrer Zusammenbrüche. Nur die 16 überlebenden Firmen leuchten weiter.

Auch der Zusammenschluss von Audi, DKW, Horch und der Automobilabteilung der Wanderer Werke zur Auto Union AG im Jahr 1932 wird mit zwei Überraschungseffekten dargestellt. Wer sich dem „Fusionsdisplay" nähert, geht zunächst auf vier raumhohe Glasscheiben zu, auf denen die vier Fir-

Mut zur Geschichte: Das Ausstellen ehemaliger Wehrmachtsmodelle ist längst nicht für jedes Unternehmen so selbstverständlich…

Nachkriegsrennmaschinen von 1952/1953: DKW RM 250…

…und DKW RM 350

Erinnerungen an die Wirtschaftswunderzeit: Der DKW Hobby-Roller aus dem Jahre 1955...

menlogos in großen Ringen abgebildet sind. Durch Veränderung des Blickwinkels bei der Annäherung verschieben sich die vier Ringe, so dass schließlich das Auto Union-Logo mit den vier Ringen entsteht.

Zwischen zweiter und dritter Glasscheibe können Museumsbesucher am „Fusionstisch" den Zusammenschluss der vier Marken Audi, DKW, Horch und Wanderer zur Auto Union aus der Sicht der jeweiligen Firma an je einer Seite des Tisches nachvollziehen und interaktiv Zusatzinformationen abrufen.

Einer von drei heute noch existierenden Horch 670 mit imposantem V12-Motor illustriert das Thema „Markt und Kunde" in einem stilisierten Auto Union-Verkaufsraum der dreißiger Jahre. Typisch für das museum mobile: Das Display ist kein realistisch nachgebauter Verkaufsraum, sondern besteht nur aus angedeuteten Dekorationen und lässt damit der Fantasie des Zuschauers genügend Spielraum. Symbolik spielt auch eine Rolle bei der Präsentation der neben dem Horch 670 schönsten und wertvollsten Pretiosen aus der Horch-Stadt Zwickau: das museum mobile präsentiert das Horch 853 Sport Cabriolet und den Horch 855 Special-Roadster als Schmuckstücke in großen Glasvitrinen – als Belege für den auf Tradition gewachsenen Premium-Anspruch der Marke Audi.

...und das beliebte Moped DKW Hummel

Mit dieser, von ursprünglich 175 auf 125 Kubikzentimeter Hubraum reduzierten Maschine nahm DKW 1956 erfolgreich am Geländesport teil. Fahrer: H. Klingenschmidt

Auch diese Präsentation folgt dem Motto der mobilen Immobilie: Die gläsernen Schmuckkästen können bei Bedarf an die Decke gefahren werden, um direkten Zutritt zu den Autos zu gewähren.

Weitere Themenbereiche der auf Ebene 3 präsentierten Geschichte bis zur Liquidation der Auto Union AG 1948 sind das Zentrale Auto Union Konstruktionsbüro, die Entwicklung des Designs, Sicherheitsforschung und erste Crashtests in den Jahren 1936 bis 1939 und natürlich der Vorkriegsmotorsport, repräsentiert durch den Sechzehnzylinder Auto Union Typ C Stromlinienwagen „Avus" aus dem Jahr 1937 und den Typ C/D-Bergrennwagen aus dem Jahr 1939. Die beiden im Auftrag der Audi-Tradition restaurierten und wiedergeschaffenen Boliden zählen zum „Nonplusultra" europäischer Restaurierungskunst.

Besondere Attraktion im Bereich „Vorkrieg" ist neben dem Wanderer W 25 K, dem Audi Typ G von 1923 und dem Wanderer Puppchen von 1923 der Horch 303: In dem ersten erfolgreichen deutschen Achtzylinder-Automobil dürfen die Besucher sogar Platz nehmen.

Die Darstellung der Auto Union- und Audi-Nachkriegsgeschichte beginnt mit der Anregung zum Nachdenken auf Ebene 2: Ein Themenbereich ist dem Wiederaufbau nach dem Krieg gewidmet. Hier wird anschaulich die Flucht vieler Auto Union-Mitarbeiter aus Sachsen geschildert, das Einfinden in Bayern und die „Sachsenriege" in Ingolstadt. Auf einem Tisch liegen Dias mit Porträts von Ingolstädter Mitarbeitern aus, die nach dem Krieg aus dem Osten kamen, dazu Fotos von Fahrzeugen aus Ingolstädter Produktion.

Das anschließend an den Wiederaufbau mit viel Eifer geschaffene Wirtschaftswunder illustriert ein mit Urlaubsgepäck vollgepackter DKW 3=6 Sonderklasse, startklar für die Reise nach Rimini. Große Hintergrundbilder unterstützen die Emotionen der damaligen Zeit. Den großen Anteil der Motorräder an der etwa zeitgleich mit dem Wirtschaftswunder einsetzenden Massenmotorisierung verdeutlichen zahlreiche Motorräder, angefangen bei der DKW RT 125 über den DKW Hobby-Roller bis hin zum DKW Hummel Moped. Sie rufen durch ihre – teils schwebende – Anordnung die Illusion hervor, direkt auf den Betrachter zuzufahren.

Spannend und geheimnisvoll schildert ein weiteres Display die heimliche Entwicklung des Audi 100 unter dem damaligen Cheftechniker Ludwig Kraus, der Ende der sechziger Jahre das Audi-Erfolgsmodell serienreif machte und anschließend den Aufbau einer

Dass die Exponate durchaus auch noch in der Lage sind zu rennen, stellt die Audi Tradition bei besonderen Anlässen unter Beweis: Ex-Vizeweltmeister Gustl Hobl, hier am Vorstart (Nr. 66) beherrscht auch heute noch die Dreizylinder-DKW wie vor 45 Jahren

Vor wenigen Jahren erwarben die Ingolstädter auch eine Kollektion NSU-Werksrennmaschinen, die sich seit Jahrzehnten in Privatbesitz befanden. Darunter auch diese Rennfox (Nr.4), mit der Weltmeister Ruppert Hollaus 1954 den Großen Preis von Holland gewann. Hier im Sattel, der Autor J. Nöll, sowie G. Hobl mit der Dreizylinder DKW (Nr.66) und H. Klingenschmidt mit der DKW RM 250 (Nr. 35)

Diese Zweizylinder-Rennmax mit NSU-Restaurator W. Schneider, befindet sich ebenfalls im Besitz der Audi Tradition

Audi-Entwicklungsabteilung in Ingolstadt forcierte. Dargestellt wird die Historie wie in einem Theaterstück, das die Geburtsstunde des Audi 100 Prototyps präsentiert: Auf Gazewände projizierte Silhouetten von Ludwig Kraus, Rudolf Leiding und Professor Heinrich Nordhoff betrachten das Auto, gestikulieren und geben Statements ab.

Die Darstellung der von Audi initiierten quattro-Technologie macht den museum mobile-Besucher zum aktiven Fahrzeug-Tester: In einem Fahrexponat können die Besucher von einem Fahrersitz aus funkferngesteuerte Modelle über einen Rundkurs bewegen. Drei Vergleichsmodelle stehen zur Verfügung: Front-, quattro- und Heckantrieb. Mit ihnen können die Tester die unterschiedlichen Fahrverhalten der Antriebssysteme testen – und hinterher sogar die gestoppten Rundenzeiten vergleichen.

In moderne (Aluminium-)Zeiten entführt das ASF Concept Car, über dem der Audi Space Frame, das Alu-Skelett, schwebt und die Pionierrolle Audis auf dem Gebiet des automobilen Leichtbaus eindrucksvoll illustriert.

Auch das Thema Rennsport von 1945 bis heute ist mit einem DKW 3=6 Monza (1958), einem NSU TTS (1969), einem Audi Rallye quattro A 1 (1982) und einem Audi V8 quattro DTM (1991) eindrucksvoll dargestellt. Bewegung bringt eine Filmbox mit faszinierenden Aufnahmen von Audi-Rennwagen und Rennerfolgen der jüngeren Vergangenheit – mit vollem Rennsound.

Hier begegnet der Besucher auch den überaus erfolgreichen Zweitakt-Rennmaschinen der fünfziger Jahre. Namen berühmter Motorrad-Rennfahrer wie Siegfried „Sissi" Wünsche, August „Gustl" Hobl und viele andere mehr kommen wieder ins Gedächtnis. Neben den ein- und zweizylindrigen Rennmaschinen befindet sich selbstverständlich auch das Spitzenmodell der damaligen DKW-Rennmaschinen-Entwicklung unter den Exponaten: die 350er Dreizylinder-Maschine, mit der Gustl Hobl im Jahre 1955 Vize-Weltmeister wurde. Wegen ihres markanten Sounds hießen die Dreizylinder-Modelle schon bald nach ihrem Debüt überall nur noch die „singenden Sägen". Und selbst heute, fast ein halbes Jahrhundert nach ihren ruhmreichen Siegesfahrten, setzt Audi diese Kostbarkeiten gelegentlich noch bei Demonstrationsläufen im Rahmen von Veranstaltungen mit historischen Rennmaschinen ein.

Zwischen den einzelnen Displays und Themen-Inseln vermitteln Audi-, DKW-, Horch-, NSU- und Wanderer-Klassiker die Faszination historischer Automobile. Auf Ebene 3 beginnt die Zeitreise mit einem Horch Tonneau von 1903, einem Horch 10/35 PS Phaeton von 1923, einem Audi Front UW von 1933 und einem DKW F 5 Luxus Cabriolet von 1937. Die Nachkriegs-Ebene 2 präsentiert so interessante Fahrzeuge wie den heute fast vergessenen DKW Schnell-Laster F 89 L, in den fünfziger Jahren einer der fleißigsten Helfer beim Wiederaufbau, den Auto Union 1000 Sp Roadster und einen NSU Ro.

Ebene 1 des museum mobile ist ständig wechselnden Ausstellungen, Aktionen und kulturellen Events gewidmet. Zur Eröffnung des Audi Forum Ingolstadt fanden hier die Feierlichkeiten und der offizielle Festakt statt.

Nach dem Museumsbesuch bietet der Museumsladen im Übergang zur Gastronomie eine umfangreiche Auswahl an historischen und neu interpretierten Accessoires, Souvenirs, neuer und antiquarischer Automobil-Literatur und anspruchsvollen Modellautos. Viele der angebotenen Sammlerstücke sind exklusive Anfertigungen für Audi, wie beispielsweise das Modell des Auto Union Typ C Stromlinienrennwagens „Avus" mit dem passenden Büssing-Renntransporter im Maßstab 1:43.

Der Auto Union Stromlinienwagen „Avus" wird über den Paternoster an seinen Standort im museum mobile gebracht

museum mobile Ingolstadt
Tel.: 0841 8937575, Fax: 0841 89 36167
www.audi.de/museummobile
Öffnungszeiten:
Montag bis Donnerstag: 10.00 bis 20.00 Uhr
Freitag/Samstag: 10.00 bis 22.00 Uhr
Sonn- und Feiertag: 10.00 bis 17.00 Uhr
Eintritt frei

Zementbahnrennen

Eine vergessene Sportart

von Thomas Reinwald

Deutschland auf der Schwelle vom 19. ins 20. Jahrhundert. In dem von preußischem Adel regierten Kaiserreich keimten erstmals Pläne für Sportarenen, in denen auf kürzeste Distanz dem Zuschauer der volle Überblick über ein Rennen ermöglicht werden sollte. Bis zur Jahrhundertwende wurden die durchaus beliebten Radrennen (mit dem Hochrad) auf Pferdetrabrennbahnen, die meist ovalförmig waren, ausgetragen. Mit dem Bau der ersten motorisierten Zweiräder um 1904/05 wurde es auch möglich, die Motorräder als Zugpferd für die mittlerweile zum Niederrad geschrumpften Fahrräder einzusetzen. Daraus wurde schließlich der Stehersport, der bis heute in einem kleinen Sportkreis überlebte. Wegen des Fahrrads wurde natürlich eine Rennstrecke notwendig, auf der der Radfahrer ungebremst seine einmal aufgenommene Geschwindigkeit halten konnte. Diese Möglichkeit bot keine flache Strecke mit Kurven, sondern nur ein überhöhtes Oval mit zwei kurzen und zwei langen Geraden – die Geburt der Zementbahn. Natürlich gab es auch schon bald Fahrer, die auf das Anhängsel Fahrrad verzichten wollten und mit dem motorisierten Zweirad auf dieser neugeschaffenen Bahn einfach nur Gasgeben wollten. Daraus entwickelten sich die Zementbahnrennen – ein heutzutage jedoch ausgestorbener Motorsport.

Eine jener Zementbahnen der ersten Stunde wurde im Nürnberger Vorort Reichelsdorfer Keller erbaut. Die 1904 errichtete 400 Meter lange, mit 40 Prozent Neigung versehene Zementpiste war die erste Bahn in Nordbayern und von dem Radverein Verein-Sportplatz Nürnberg e.V. in Auftrag gegeben. Die erste Veranstaltung fand bereits am 14. Mai 1905 statt. Neben dem Stehersport kamen auch die Freunde der

Startaufstellung zu einem Rennen für Motorräder mit Hilfsmotor um 1920. Beachtenswert ist der Starter auf der fünften Maschine von links: er trägt eine Krawatte!

Kurz vor dem Start zu einem 250-cm³-Lauf am Reichelsdorfer Keller zu Beginn der zwanziger Jahre

motorisierten Zweiräder auf ihre Kosten, denn es fanden auch drei reine Motorradrennen statt. Die sage und schreibe 15.000 anwesenden Zuschauer hofften natürlich sehr, daß sich der Lokalmatador Georg Retienne auf seiner Mars-Maschine gegenüber der nicht minder populären Konkurrenz der beiden NSU-Werksfahrer Martin Geiger und Wilhelm Glöckler gut schlagen würde. Daß schließlich Retienne das Rennen so souverän beherrschte, daß er die beiden ärgsten Rivalen aus dem NSU-Stall mit glatten zwei Runden Vorsprung geradezu deklassierte, das konnte im Vorfeld niemand erwarten. Mag dieses Rennen zwar den Eindruck vermitteln, daß die Beliebtheit dieser neuen Sportart bei den Zuschauern gut ankam, so war es jedoch so, daß der Sport schon recht bald wieder verblasste, was aber daran lag, daß die Motorräder keinen großen Käuferkreis fanden und die produzierenden Werke, wie Victoria, Mars, Express bzw. Triumph die Produktion um 1907/08 wieder einstellten. Lediglich NSU und Wanderer hielten an der Herstellung fest. Doch dies war für ein breitgefächertes Engagement zu wenig.

Lauf um die „Meisterschaft von Bayern 1921". Links mit Helm: Mars-Werksrennfahrer Heinz Wilhelm und daneben auf der Maschine sitzend der spätere Sieger Ernst Schulz

Erst mit der neuen Motorradboomphase zu Beginn der zwanziger Jahre fanden sich wieder genug sportbegeisterte Motorradfahrer, die den Zementbahnsport wieder aufgriffen. Doch diesmal war der Erfolg von Dauer. Über das gesamte deutsche Gebiet verteilten sich die Zementbahnbegeisterten, und es enstanden nach und nach zahlreiche Zementbahnovale. Zu den Orten mit neugeschaffenen Bahnen zählten beispielsweise Magdeburg, Leipzig, Hannover und einige Städte in Norddeutschland. Am bekanntesten waren jedoch die schon vor dem Ersten

Aufnahme vom Kampf um die „Meisterschaft von Bayern"

Weltkrieg erbaute Olympiarennbahn in Berlin-Plötzensee und die Rüsselsheimer Opelbahn, die eine stolze Länge von 1.500 Metern hatte und damit zu den größten Bahnen zählte. Wegen der teilweise örtlich begrenzten Verkaufserfolge und wegen der hohen Transportkosten war es zu Beginn der zwanziger Jahre üblich, daß nur regionale Meisterschaften auf den Zementbahnen ausgetragen wurden. Als Beispiel sei die Meisterschaft von Bayern genannt, die in einem einzigen Lauf am 12. Juni 1921 auf der Rennbahn Reichelsdorfer Keller ausgetragen wurde.

Gefahren wurde ein Entscheidungsrennen, dessen Teilnehmer sich aus zwei Vorläufen qualifizierten, denn es konnten maximal fünf Fahrer nebeneinander starten. Es meldeten sich aber immer mehrere Fahrer an. Somit war immer die Zeit der Drittplazierten aus den Vorläufen ausschlaggebend. Dieses System der Qualifikation war allgemein üblich und wurde bis in die fünfziger Jahren beibehalten.

Im Entscheidungsrennen übernahm vom Start weg der Nürnberger NSU-Fahrer Hohlheimer die Führung, wurde aber schon bald von Wilhelm überholt, der eine Weiße Mars fuhr. Während Hohlheimers Motor unter Aussetzern litt, jagte schon bald der Pulk angeführt von Schulz (Weiße Mars), dann Thumshirn (Ardie), Wolf (Ardie) und als Schlußlicht Hohlheimer den davoneilenden Wilhelm. Hohlheimers Maschine fing sich wieder. Nun machte er verlorenen Boden gut und schob sich an den anderen vorbei, um bald zu Schulz aufzuschließen, konnte ihn aber rundenlang nicht überholen. Nach wie vor führte Wilhelm das Rennen an. Doch plötzlich geriet seine Mars ins Schlingern, und nur seiner Geistesgegenwart ist es zu verdanken, daß er die schwere Maschine zum Stehen bringen konnte. Ein defekter Hinterradreifen war der Auslöser für den außerplanmäßigen Stop. Doch er gabt nicht so schnell auf, wechselte den Reifen, während die anderen weiterhin ihre Runden drehten, und nahm das Rennen wieder auf. Er hatte soviel Vorsprung vor den anderen herausgefahren, daß er selbst durch den Reifenwechsel nur von Schulz überholt werden konnte. Mit neuem Reifen ging er an zweiter Stelle liegend wieder ins Rennen und gab diesen Platz auch nicht mehr ab. Den Meistertitel gewann Schulz in einer Zeit von 37 Minuten und 9 Sekunden vor Wilhlem, der 380 Meter zurücklag.

Die Austragung der Meistertitel behielt auch in den nächsten Jahren regional große Bedeutung. So gab es beispielsweise einen „Norddeutschen Bahnmeister" – mit diesem Titel durfte sich 1924 der Düsseldorfer Josef Müller auf NSU schmücken – oder die „Meisterschaft von Süddeutschland", die 1923 NSU Fahrer Hohlheimer gewann, der im gleichen Lauf auch noch „Bayerischer Meister" wurde. Als Krönung galt natürlich der „Deutsche Meister"-Titel, der 1921, 1922 und 1923 ebenfalls an Josef Müller ging.

Allerdings wurden zur gleichen Zeit auch kritische Stimmen laut, die wegen der hohen Geschwindigkeiten eine große potentielle Gefahr im Zementbahnsport sahen. Konnten die Gegner bis etwa August 1923 noch damit vertröstet werden, daß sich keine größeren Unfälle ereignet hatten, so wurde der „Deutsche Meisterschaftslauf" auf der Zementbahn in Leipzig zum Wendepunkt. Der schon bei den um die Jahrhundertwende ausgetragenen Rennen dabeigewesene Nürnberger Fahrer Georg Retienne stürzte in Leipzig durch eine abgescheuerte Reifendecke so unglücklich, daß er an den Folgen verstarb.

Durch die außergewöhnlich hohe dauerhafte Geschwindigkeit wurden die Reifen derart beansprucht, daß vor allem die seitlich wirkenden Kräfte die Reifen zum Platzen bringen konnten. So war dies zwar bis dahin schon öfters passiert, doch niemals mit schlimmen Folgen für den Fahrer. Als Konsequenz dieses prominenten Sturzes erließ der Veranstalter D.M.V. folgende Richtlinie: Die Sportleitung des D.M.V. untersagt allen angeschlossenen Klubs und Landesgruppen die Ausschreibung von Rennen auf Zementbahnen für Motorräder über 350 cm^3. Außerdem werde der D.M.V. jedem Mitglied, das in einem Rennen über 350 cm^3 startet oder sich dazu meldet, sowohl die Straßen- als auch die Bahnlizenz für ein Jahr entziehen. Hiervon ausgenommen wurde die 1.500 Meter lange Opelbahn in Rüsselsheim.

Ähnlich wie der D.M.V. dachte man auch beim ADAC. Man konnte sich jedoch nicht zu solchen Konsequenzen wie beim D.M.V. durchringen. Im großen und ganzen begrüßte der ADAC jedoch die Zementbahnrennen, da es seiner Ansicht nach „keine besseren Teststrecken mit einer so enormen Belastung für Material und Motoren gäbe, wie auf der Zementbahn, wo Dauergeschwindigkeiten von 60 bis 80 km/h bei den kleinen und von 100 bis 125 km/h bei den großen Motorrädern gefahren werden". Als kritischen Punkt sah man beim ADAC jedoch auch die frühzeitige Verschleißung der Reifen.

Eine Ardie Minimax und eine Triumph Knirps stehen samt Fahrer und Betreuer dem Fotografen Pose

Triumphwerksfahrer Josef Grünwald auf der Zementbahn in Leipzig 1925

Folge dieser gemeinsamen Erkenntnis waren auch verstärkte Reifenkontrollen, und es wurde in den Sportgesetzen verankert, daß zukünftig nur noch spezielle Bahnreifen mit vorgegebenen Maßen verwendet werden durften.

Durch die rigide Haltung des D.M.V. kam es oftmals zu dem unglücklichen Umstand, daß bei einer ADAC-Veranstaltung die D.M.V.-Mitglieder nicht teilnehmen durften. So z.B. beim ADAC-Rennen 1924 auf dem Reichelsdorfer Keller, als die D.M.V.-Mitglieder Willi Tag und der Motorradfirmeninhaber Hans Hecker nicht starten durften.

Trotz der andauernden Diskussionen um die Gefährlichkeit der Zementbahnrennen gab es nach wie vor zahlreiche Verfechter des Bahnsports. In Hamburg wurde eine neue, 666 Meter lange Bahn geplant, und auch in Nürnberg wollte der aktivste Deutsche Motorradclub, die Nürnberg-Fürther-Motorradfahrer-Vereinigung, eine neue Zementbahn errichten, deren immense Kosten von annähernd 800.000 Mark über Anteilscheine finanziert werden sollte, was schließlich aber doch nicht realisiert wurde. Die Bahn blieb ein Traum.

Der Nürnberger Fahrer Georg Möhringer auf einer speziell hergerichteten Victoria KR I

Alfred Gäbelmann, der 1928 durch seine legendäre Fahrt Berlin-Kairo-Berlin sehr bekannt wurde, begann seine Sportlaufbahn auch mit Zementbahnrennen.
Hier sitzt er auf einer Norton

Eine eindrucksvolle Darstellung von der Ehrenrunde auf der Zementbahn in Hannover 1923. Man beachte auch die riesigen Zuschauermengen

Alles wartet auf die Freigabe zum Start: Lauf im Jahre 1926

Die Zementbahn in Leipzig war an der charakteristischen Turmkonstruktion leicht erkennbar, hier wird gerade die große Klasse bei einem Lauf aus dem Jahre 1923 gestartet

Ebenfalls eine Startszene von der Leipziger Bahn, diesmal von 1925. Mit Nummer 4 ist eine New Imperial und mit Startnummer 16 eine Sarolea erkennbar. Im Hintergrund steht noch eine AJS

Eine wunderschöne Impression während eines Rennens auf der Leipziger Bahn. Etwas unverständlich ist aus aerodynamischen Gründen der breite Lenker, den das vordere Fahrzeug hat

Gebaut wurde hingegen die Bamberger Zementbahn, die mit einem Lauf am 17. Juni 1928 eingeweiht wurde. Die Konstruktion dieser modernen Bahn war so gut, daß sie als Vorbild für die später entstandenen Zementbahnen in Karlsruhe und Görlitz diente. Auch in Hamborn entstand eine Bahn, doch passierten dort einige schwere Unfälle, die dazu führten, daß die Oberste Motorradsportbehörde am 21. Februar 1931 beschloß, diese Bahn für Motorradrennen zu sperren.

Die dominierenden Zementbahnfahrer jener Zeit waren zwar oftmals nur im regionalen Raum bekannt, so der zigfache süddeutsche Meister Lorenz Fischer auf Triumph, doch kamen immer mehr Nachwuchsfahrer hervor, die im Bahnsport eine besondere Vorliebe fanden. Eins jener kommenden Talente war Otto Kohfink (DKW), der 1930 seine Zementbahnprüfung auf der Frankfurter Bahn ablegte und in den kommenden Jahren genauso die Szene prägte wie z.B. die Kölner Hans Soenius (Imperia-JAP), Erich Pätzold (Blackburne) und Herzogenrath (Imperia), der Bielefelder Kurt Wemhöner (JAP), Karl Frentzen (Ardie-JAP) aus Bonn und Otto Ley (Triumph) aus Nürnberg.

Unter dem Begriff der Zementbahnprüfung darf man sich nichts Großes vorstellen. Es war gemäß den Deutschen Motorradsportgesetzen notwendig, eine solche abzulegen, bevor man bei einem Rennen starten durfte. Vor einem Prüfungsausschuß von fünf Mitgliedern mußte der Anwärter auf einer Rennbahn eine Fahrt ablegen. Diese Prüfung war kostenlos, und danach bekam er dann die notwendige Lizenz.

Zu Beginn der dreißiger Jahre schien den Sport eine kleine Flaute heimzusuchen. Beim Deutschen Meisterschaftslauf auf der Frankfurter Bahn im September 1931 waren z.B. nur 5.000 Zuschauer anwesend. Da half es auch nichts, daß die oben erwähnte Zementbahnelite fast vollständig am Start war und ihre Klassen auch souverän beherrschte. Sieger wurde bei den 125ern der Frankfurter Josef Klein auf DKW, die 250er Klasse beherrschte Soenius und die 350er Klasse ging an Wemhöner.

Auch die anderen Rennbahnen hatten teilweise mit drastischem Besucherrückgang zu kämpfen. Mag dies an den zahlreichen neuen Motorsportveranstaltungen wie Grasbahnrennen, Zuverlässigkeitsveranstaltungen oder Straßenrennen gelegen haben, oder wollten die Zuschauer einfach nur wesentlich spektakuläreren Motorsport sehen. Dies bot der Bahnsport meistens nicht, denn bei klaren Verhältnissen und ohne technische Defekte verliefen manche Veranstaltungen recht eintönig. Dann fuhr nämlich der Favorit von Anfang an seine Runden unbeirrt, und die Verfolger konnten in das Renngeschehen nicht eingreifen.

Um beispielsweise in Nürnberg wieder zahlreiche Zuschauer anzulocken, versuchte man die Startbesetzung mit den großen Namen zu füllen, und die Rechnung schien aufzugehen. Zu einer der bestbesuchtesten Veranstaltungen in Reichelsdorf kam es am 2. August 1931, als sich etwa 10.000 Zuschauer auf die Ränge drängten. Doch die Sonne schien so kräftig, daß sie den Reifen sehr stark zusetzte. Bei Herkulehns' Maschine führte das dazu, daß er bald nur noch auf der Leinwand fuhr. Um schlimmes zu verhindern, halbierte man nun die Distanz von 50 auf 25 Runden, was allerdings vom Publikum mit einem kräftigen Pfeifkonzert quittiert wurde. Versöhnt wurden die Zuschauer dann wieder durch hervorragende Rennen, bei denen wieder einmal der Nürnberger Otto Ley mit seiner Triumph zum Held des Tages wurde. Er gewann das 350er Rennen überlegen mit neuer Rekordzeit und anschließend auch das 500er Rennen. Dabei deklassierte er den jeweils nachfolgenden Holländer Herkulehns einmal mit 5 und einmal mit 250 Metern Vorsprung. Bei den Achtellitermaschinen ging der Sieg an Karl Frentzen auf seiner Ardie. Ähnlich gut schien es dann auch bei den 250ern für ihn zu laufen. 21 von 25 Runden hatte er den Sieg schon sicher in der Tasche, als ihn ein Ventilbruch an seiner Maschine zum Aufgeben zwang. Auch Hans Soenius mußte wegen Kerzenschadens das Rennen vorzeitig beenden. Der Holländer Herkulehns war von Anfang an wegen eines gerissenen Tanks erst gar nicht gestartet. So ging der Sieg, völlig unverhofft, an Kurt Wemhöner.

Mit dieser gelungenen Veranstaltung, so hoffte der Veranstalter, sei das Tal überwunden, doch schon das nächste Rennen am 8. Mai brachte erneut ein großes Problem zutage. Das Wetter vereitelte die Austragung, denn bei strömendem Regen wurde jede Hochgeschwindigkeitsstrecke in eine unkalkulierbare Rutschstrecke verwandelt. So blieb meistens nichts anderes übrig, als die Rennen zu verschieben. Doch auch der neue Termin, der 29. Mai 1932, ließ nicht große Hoffnungen auf besseres Wetter zu. So kam es auch, wie es kommen mußte; der Himmel zeigte sich sehr bedeckt und ließ erst am späten Nachmittag einige Sonnenstrahlen durch. Dies mag auch die mäßigen Zuschauer von etwa 6.000 für dieses geplante Riesenrennen erklären.

Mit der Machtergreifung der NSDAP im Jahr 1933 verkam der bislang dahinsiechende Zementbahnsport noch mehr zur Statistenrolle, und ab 1934 wurde er verboten. Doch bereits 1935 erkannten die braunen Machthaber, daß mit dieser Sportart auch ein guter Propagandaeffekt erzielt werden konnte und forcierten wieder die Auflebung der Bahnrennen. Doch meistens verlief die Veranstaltung nicht wie geplant, denn auch unter dem neuen politischen Auftrieb kamen nicht mehr Zuschauer als bisher. Auch das Wetter machte so mancher Veranstaltung einen gewaltigen Strich durch die Rechnung, wie am 7. Juni 1936, als die Rennen am Reichelsdorfer Keller zwar durch ein elitäres Teilnehmerfeld eine großartige Veranstaltung versprachen, es jedoch mit dem Start des dritten Rennens anfing wie aus Eimern zu gießen. Die

Ardiewerksfahrer Anton Bauernfeind 1928 mit seiner Bahnmaschine, an der deutlich erkennbar ist, daß jeglicher Ballast abmontiert worden ist

Rennen wurden kurzerhand auf vier Wochen später verschoben. In souveräner Weise konnten dann Otto Kohfink und Gert in der Elst die beiden Hauptrennen gewinnen.

Mit den wesentlich werbewirksameren Zuverlässigkeitsfahrten und den Straßenrennen wurden die Zementbahnrennen immer mehr ins Abseits gedrängt. In der zweiten Hälfte der dreißiger Jahre wurden die Veranstaltungen immer rarer, bis schließlich der ganze zivile Motorsport zum Erliegen kam.

Einen erneuten Versuch, die vergessenen Zementbahnrennen zu beleben, fand erst nach Kriegsende, genauer gesagt 1949, statt. Doch durch die Trennung Deutschlands gingen zahlreiche Rennbahnen verloren, die sich nun in der DDR befanden. Außerdem wurden auch noch einige Bahnen zerstört, so daß die Zahl der wirklich guten Bahnen auf ein paar wenige zusammenschrumpfte. Die beste Zementbahn stand zweifellos in Wuppertal, aber auch Köln-Riehl, Hamborn oder Aachen hatten hervorragende Bahnen zur Verfügung. Etwas schlechtere, aber noch für einen Motorradlauf geeignete Bahnen gab es in Hannover, Bamberg, Frankfurt und eben Nürnberg-Reichelsdorf. Die einzige neuerbaute Zementbahn nach dem Krieg

Ein absolut erschöpfter Fahrer nach einem Rennen auf der Rennstrecke Reichelsdorfer Keller kurz nach Ende des Zweiten Weltkriegs. Die Maschine stammt noch aus den dreißiger Jahren

entstand in München unter der Bezeichnung „Amorbahn". Mit dieser mageren Anzahl an brauchbaren Rennstrecken versuchte man also, diese Rennserie wieder neu zu beleben.

Seit 1946 fanden dann auch wieder unregelmäßig Rennen statt. Natürlich standen die Vorkriegsfahrer wieder am Start, meistens noch mit ihren alten Maschinen. Man übernahm auch wieder die Regeln aus den Vorkriegsjahren. So durften am Start zwei Helfer die Maschine anschieben, und falls eine wirklich nicht anspringen wollte, mußten alle fünf Fahrer nochmals starten. Eine andere Regel besagte, daß nur rechts, also in der Überhöhung, überholt werden durfte.

Durch die wenigen Rennbahnen entwickelte sich dieser Sport nur in den einzelnen Städten. Bis 1949 vegetierte er deshalb mehr schlecht als recht dahin. Für 1950 schrieb man erstmals nach dem Krieg eine deutsche Zementbahnmeisterschaft aus, die durch einen einzigen Lauf auf der besten Rennstrecke, der Wuppertaler Bahn, ausgetragen werden sollte. Am 8. Oktober 1950 sollte dieser Meisterschaftslauf über die Zementbahn gehen. Da es jedoch an diesem Tag stark regnete, verlegte man das Rennen auf den Montagabend, wo unter Flutlicht der Horexfahrer Friedel Schön den ersten Nachkriegstitel errang. Im darauffolgenden Jahr wurde der erst 17jährige Nürnberger Helmut Hallmeier Deutscher Meister in der 125er Klasse. Er erregte nicht nur durch sein Alter, sondern auch durch sein Gefährt, eine von seinem Vater umgebaute DKW, Aufsehen und galt als der kommende Star. Ebenfalls 1951 wurde Karl Lottes 250er Meister, und im Jahr darauf konnte er sogar die Meistertitel in der 125er und 250er Klasse erringen. Doch diese Meistertitel gingen gegenüber den Straßenmeistertiteln unter. Selbst in der sportbegeisterten Nachkriegszeit konnte sich der Zementbahnsport nicht mehr zu alten Höhen aufschwingen, und so ließ auch hier bald wieder das Interesse von seiten der Zuschauer und der Fahrer nach. Zudem gab es weiterhin das Problem der wenigen Bahnen. Dies erkannte auch die OMK und nannte die geringen Fahrmöglichkeiten auch als Grund dafür, daß man ab 1955 auf die Zementbahnmeisterschaft verzichtete und statt dessen erstmals einen Deutschen Meistertitel im Geländesport ausschrieb. Damit war nun endgültig Schluß mit den Motorradrennen auf den überhöhten Bahnen und lediglich die Steherrennen konnten sich bis heute hartnäckig in bescheidenem Maße behaupten.

Das Bild Ende der vierziger Jahre täuscht über die wahren Begebenheiten hinweg, denn die hier reichlich vorhandenen Zuschauer wandten sich in den fünfziger Jahren schon bald vom Motorrad-zementbahnsport ab und auch das Interesse der Fahrer lies merklich nach

1951 auf der Rennbahn Reichelsdorfer Keller: Fritz Fallier mit Start-nummer 3 hat das junge Talent Helmut Hallmeier im Nacken

Eine hergerichtete Puch für den Zementbahnsport mit tiefergelegtem Stummellenker, abmon-tiertem Vorderradschutz-blech aber immer noch ohne Hinterradfederung

Das blieb übrig von der einstigen Sportart Zementbahnrennen: der Stehersport, für den ja eigentlich auch die Zementbahnovale hauptsächlich bestimmt waren

Das junge Talent Ingo Wolf gab dem Stehersport Ende der neunziger Jahre wieder etwas Auftrieb

Rückblick auf das Jahr 1923

Vor 80 Jahren: Startschuss für die deutsche Motorradindustrie

von Manfred Nabinger

Mancher Leser mag die Überschrift mit Skepsis oder sogar schon einem deutlichen Widerspruch im Hinterkopf gelesen haben: Warum soll ausgerechnet 1923 der Startschuss für die deutsche Zweiradindustrie gefallen sein? Da war das Motorrad ja schon über 30 Jahre alt! Da existierten einige Produzenten schon über ein Vierteljahrhundert! Ist der Zeitpunkt nicht viel zu spät gewählt?

Eine These

Zugegeben: es ist zuerst einmal eine These. Sie kann natürlich nicht in einem wissenschaftlichen Sinne „bewiesen" werden, sondern soll durch den folgenden Text nur eine gewisse Plausibilität erhalten. Unstrittig ist wohl, dass die Zeit zwischen etwa 1890 und 1905 als Experimentalphase betrachtet werden sollte. Eine Zweiradindustrie im eigentlichen Wortsinn war gewiss noch nicht vorhanden. Die Konstrukteure, Fahrer und Hersteller tauschten Erfahrungen aus und verwarfen bestimmte Alternativen: beispielsweise die kleine Dampfmaschine über dem Hinterrad oder den Elektromotor (was natürlich nicht heißt, dass nicht spätere Konstrukteure oder Bastler an diesen nun allerdings schon exotischen Alternativen weiterarbeiteten).

Das französische Werner-Motorrad setzte um die Jahrhundertwende den Standard für ein alltagstaugliches Motorrad: es besaß noch Pedale, war ein Leichtgewicht und verfügte über einen kleinen Motor relativ hoher Drehzahl – allerdings über dem Vorderrad. Zwischen 1900 und 1910 etablierte sich die

DKW ZL: auf dem Weg vom Hilfsmotor zum Motorrad

Bauweise mit dem Motor in Rahmenmitte, mit stärkeren Fahrwerken, speziellen Vergasern, besonderen Zündanlagen, Wechselgetrieben und anderen konstruktiven Details. Als technisches Spielzeug oder Sportmaterial für reiche Leute stand das Motorrad aber bald im Schatten des Automobils, hatte seinen eigenen Platz noch nicht gefunden. Das motorisierte Zweirad steigerte seinen Bekanntheitsgrad, von einem Boom, wie wir ihn in den zwanziger, fünfziger und siebziger Jahren kennenlernen sollten, konnte allerdings keine Rede sein.

Erst nach dem Ende des Ersten Weltkriegs kam die Wende. Die Wiederaufnahme alter Ideen und die Errungenschaften einer zweiten Experimentalphase lieferten die Basis, auf der „das moderne Motorrad" (so ein Buchtitel) entstehen konnte. Die Spannbreite der Möglichkeiten dessen, was ein Motorrad sein konnte, war groß:

- ein kleines Fahrzeug für die täglichen Fahrten zur Arbeit oder für die Berufsausübung selbst
- eine größere „Familienkutsche", wochenendtauglich und mit Autofunktion
- ein „rassiges" Sportgerät, auf spezielle Einsatzzwecke spezialisiert und dementsprechend motorisiert.
- ein Luxusfahrzeug, teurer als ein Auto, mit exklusiver Technik.

Die technischen Voraussetzungen für diese Bandbreite kamen nicht über Nacht. Sie waren zum einen zwischen 1900 und 1914 langsam gereift, dann aber in einer extrem produktiven und hektischen zweiten Experimentalphase nach 1919 quasi explodiert.

Grund dafür waren die sozialen Erschütterungen des Ersten Weltkriegs, die technische Entwicklung der Kriegsproduktion, vor allem aber auch die ökonomische Situation. Die Jahre bis 1923 stehen in Deutschland unter den Zeichen der Notökonomie und der Inflation. Letztere entwickelte sich erst schleichend, später dann galoppierend. Nie gab es teurere Motorräder: Im November 1923 kostete beispielsweise eine Zündapp Z 22 1200 Billionen Mark (die neue Münch ist damit also gewiß nicht das teuerste Motorrad aller Zeiten).

So sehr die Inflation die Produktion und den Verbrauch auch lähmte, gab sie auf der anderen Seite auch Impulse, sorgte für technische und kaufmännische Wagnisse, die sonst kaum getätigt worden wären. Denn es erschien vielen Betrieben sinnvoller, Sachwerte zu schaffen, irgendwelche Produkte (seien sie auch noch so riskant) zu verfertigen, als das Geld

DKW-Intimfeind Snob favorisierte den leichten Viertakter – auf Dauer erfolglos

auch nur eine Stunde liegen zu lassen. So entstand u. a. der sogenannte „Inflationszweitakter": darunter verstand man leichte Maschinen, ausgerüstet mit einfachsten Triebwerken, mit Zulieferteilen komplettiert und in kleinen Betrieben gefertigt. Sie entwickelten sich oft aus Hilfsmotoren und schrumpften in ihrer Zahl nach Ende der Inflation drastisch zusammen.

Einige Firmen setzten auf die gegenteilige Strategie. Sie wagten sich an gänzlich unkonventionelle Konstruktionen, gemäß dem Motto: wenn Risiko, dann voll und ganz. Hier fällt übrigens eine Parallele zur Filmwirtschaft auf. Der „expressionistische" Film, der heute als klassischer deutscher Stummfilm gilt, war auch solch ein riskantes Inflationswagnis. Diese Entwicklung scheint mir 1923 auf einem Kulminationspunkt angekommen, markiert durch das Ende der Inflation (Einführung der Rentenmark im November 1923). Mit der Einführung der stabilen Währung war die Möglichkeit gegeben, längerfristig planend zu produzieren. Trotzdem „bereinigte" sich der Markt nicht auf einen Schlag, sondern bot noch eine Zeit lang die Vielfalt der chaotischen Vorjahre. Deswegen erscheint es mir durchaus passend, das Jahr 1923 als Geburtsjahr der deutschen Zweiradindustrie zu bezeichnen. Das Katalogangebot, das ich in Folgendem kursorisch durchgehen möchte, beweist es: selten war das Angebot vielfältiger, kaum die Technik extravaganter, nie die Bandbreite größer.

Hilfsmotoren ade!

1923 veröffentlichte Ingenieur Richard Hoffmann das Buch „Der Fahrradhilfsmotor. Sein Bau und sein Betrieb“. Auf über hundert Seiten vertieft er sich in alle Konstruktionsdetails der kleinen Triebwerke, auf weiteren hundert Seiten stellt er das aktuelle Angebot an Motoren und Fahrzeugen vor. Dieses wirklich umfassende Werk – heute eine Schatzgrube für Sammler – krankte nur an einem Mangel: es kam zu spät. Der Hilfsmotoren-Boom hatte seinen Zenith überschritten. Einige Hersteller hatten schon das Handtuch geworfen, viele waren zum Bau von Leichtmotorrädern übrgegangen.

Hoffmann trägt diesem Trend im letzten Kapitel seines Buches, das unter der Überschrift „In Spezialrahmen eingebaute Fahrradhilfsmotoren“ steht, Rechnung. Er listet darin Leichtmotorräder von Alba, Beuker, Cockerell, DKW, Dringos, Eiger, Evans, Gruhn, Heros, Maurer, Orionette, Snob, Struco, Teco und Voran auf. Unter den z.T. obskuren Marken fallen aus heutiger Sicht Namen wie Cockerell und DKW auf. Auf diese Hersteller wird weiter unten eingegangen werden. Zum Thema Hilfsmotoren sei für das Jahr 1923 soviel resümiert: Das Ende des großen Booms zeichnete sich ab, trotzdem gab es noch fast die komplette Palette dieser Gattung, angefangen beim übersimplen „Ohne alles“-Fahrzeug bis zu Skurrilitäten wie dem angehängten Motor-Schieberad oder dem „einfachen“ Reibrollenantrieb mit aufwendigem Kettenvorgelege.

211 ccm reichten dem Zündapp-Zweitakter für Alltagsaufgaben

Das „Motorrad für jedermann“ aus Nürnberg

Auspuff und Gabel wirken ein wenig schwächlich, ansonsten macht die Bekamo einen durchaus modernen Eindruck

Ruppes Triebwerk mit Ladepumpe und „Spülluftvorlagerung"

Zweitakter setzen sich durch

Vom Inflationszweitakter war oben schon die Rede. Mit seiner Hilfe wurde der Viertakter zumindest in den unteren Hubraumkategorien relativ schnell verdrängt. Obwohl Deutschland schon Ende des 19. Jahrhunderts mit Heinrich und Julius Söhnlein zwei Pioniere der Zweitakttechnik vorzuweisen hatte, hielt die Fahrzeugindustrie noch lange am Viertaktprinzip fest. Anfänglich schienen die billig gemachten Inflationszweitakter dieses Beharren auch zu bestätigen. Dann brachten aber größere Firmen solide und ausgereifte Zweitaktkonstruktionen auf den Markt, die günstiger zu fertigen waren als vergleichbare Viertakter und damit das „Motorrad für jedermann" (Zündapp-Werbung) ermöglichten. DKW in Zschopau und Zündapp in Nürnberg waren zwei dieser Firmen, deren Angebot des Jahres 1923 hier kurz betrachtet werden soll.

Zündapp war 1917 als Rüstungsunternehmen gegründet worden, stieg nach dem Krieg auf „Friedensprodukte um und kam so zum Motorradbau. Eine Hilfsmotoren-Phase gab es nicht, 1922 stellte die Nürnberger Firma ein Leichtmotorrad mit 211 cm^3 Hubraum vor. Das schlitzgesteuerte Zweitakt Triebwerk leistete 2,25 PS bei 2600 U/min, die es direkt über einen Keilriemen ans Hinterrad brachte. Bald war auch eine Version mit Kupplung und Zweigang-Getriebe erhältlich, der schnell eine aufgebohrte 250-cm^3-Variante mit drei Gängen folgte (Z 249). Wurde die Z 22 auch schon 1922 angeboten, so kam das Geschäft erst nach der Einführung der Rentenmark 1923 in Schwung. 1924 hatten die Nürnberger schon 10 000 „Motorräder für jedermann" verkauft. In den folgenden Jahren und Jahrzehnten hielt Zündapp am Zweitaktprinzip fest (etablierte allerdings über zwei Jahrzehnte auch eine Viertaktlinie) und lieferte bis zur Pleite 1984 solide Ware.

Bei Veteranen-Veranstaltungen darf dieser KC-Boxer als ausgesprochene Rarität gelten

Mehr noch als Zündapp trug die sächsische Firma DKW zur Popularisierung und Etablierung der Zweitakttechnik bei. DKW startete mit einem Spielzeugmotor. Daraus entwickelte Konstrukteur Ruppe einen Hilfsmotor, der über dem Hinterrad saß, später in einen Spezialrahmen („Reichsfahrtmodell") wanderte, wo er schräg hängend – quasi in Wartestellung – eingebaut wurde, bevor er 1923 in einem Leichtmotorrad aufrecht stehend Platz nehmen durfte. ZL (Zschopauer Leichtmotorrad) hieß dieses Modell, war auf Wunsch mit Kupplung erhältlich und mit einer verstellbaren Riemenscheibe ausgerüstet. Von der Optik her war die ZL wohl das erste Motorrad der „Zschopauer Motorenwerke J. S. Rasmussen", die aufgrund von Namensstreitigkeiten eine Zeit lang auf ihre Markenbezeichnung DKW verzichten mussten. Im Folgejahr kam in Form der ZM (Zschopauer Motorrad) dann ein Fahrzeug, das aufgrund der Ausrüstung mit Kupplung und Zweianggetriebe auch technisch als Motorrad gelten durfte.

Anders als bei Zündapp widmete man sich in Zschopau exklusiv dem Zweitakter, etablierte die Marke DKW als internationales Spitzenprodukt und baute noch bis Anfang der neunziger Jahre (MZ-) Maschinen, die ganz der eigenen technischen Tradition entsprachen.

Elegant, aber thermisch problematisch: längs eingebauter Zweitak-Boxer

Experimente und was davon blieb

Bleiben wir noch einen Moment beim Thema Zweitakter, verlassen aber den Mainstream und blicken uns in den Randbereichen um. Hier bietet uns das Jahr 1923 Erstaunliches. Hugo Ruppe offerierte den Bekamo-Motor mit gegenläufiger Ladepumpe und „Spülluftvorlagerung", der hohe Drehzahlen und eine für damalige Verhältnisse erstaunliche Leistung bot. Aus 129 cm^3 holte man 3,5 PS bei 4000 U/min, aus 150 cm^3 4,5 PS und aus 175 cm^3 angeblich 5,5 PS. Ein Zweigang-Getriebe war serienmäßig, Ge-

Sport- und Touren-Megola am Start bei der Ibbenbürener Rallye

Der Fünfzylinder-Sternmotor von der Vergaser-Seite

bläsekühlung kam später hinzu. Bekamo-Triebwerke saßen in eigenen Fahrwerken der „Berliner Kleinmotoren AG" oder wurden von Fremdherstellern benutzt. Der Bekamo-Rahmen war übrigens ein „Kastenrahmen aus Eschenholz mit T-Trägern". Zur Holzkomponente im Motorradbau gleich mehr.

Bleiben wir noch kurz bei den Zweitakttriebwerken. Die hessische Firma Dolf führte die „Sternstromspülung" mit acht Auslass- und Überströmkanälen sowie Drehschieber ein.

Die Magdeburger Firma Kirchheim & Co (Markenname: KC) lieferte einen kleinen Viertelliter-Zweitaktboxer, der in Längsrichtung eingebaut wurde. Er litt wohl ebenso an thermischen Problemen wie die Zweitakt-Parallel-Zweizylinder der Hersteller Paffrath (Zweigang-Blockmotor, Markenname: MW) und Grote (gesteuerter Zweitakter mit Vorkompressor), die ebenfalls längs eingebaut wurden. Mit gutem Grund wagte sich in der Folgezeit kaum ein Konstrukteur an diese Anordnung. DKW stellte später den Zweitakt-Twin quer und verhalf ihm so zum Erfolg.

„Bullo" hieß ein elektrisch betriebenes Motorrad aus Bremen, das ebenfalls 1923 angeboten wurde; wie auch ein rollerartiges Zweirad mit dem Namen

Oruk, was eine Abkürzung für „Ohne Riemen oder Kette“ war. Das Hinterrad wurde über Planetengetriebe direkt in Drehung versetzt, der Motor stand fest. Anders bei der genial-komplizierten Megola. Hier saß ein Fünfzylinder-Viertakt-Sternmotor von 640 cm^3 im Vorderrad und rotierte. Nicht nur 1923 galt die Megola als die Sensation der Motorradwelt. Sie ist es bis heute geblieben. Kommerzieller Erfolg wurde ihr nicht zuteil. Sie kam einerseits zu spät, denn ohne Kupplung und Getriebe ließ sie sich im beginnenden Massenverkehr kaum fahren. Andererseits kam sie zu früh, denn sie wäre vieleicht die ideale „Autobahnmaschine“ gewesen, die dann andere Hersteller für sich reklamierten. Wer sich für Details der Megola-Geschichte interessiert, kann sie im „Jahrbuch Motorräder“ 2000 nachlesen.

1923 standen noch andere Zweirad-Giganten im Programm, im wesentlichen ebenso erfolglos wie die Megola. Zum Beispiel die „große Mars“ mit 1000-cm^3-Zweizylinder-Boxer-Motor von Maybach, schon 1920 vorgestellt und vor allem als Gespann ein beeindruckendes Ungetüm. Menos hieß eine Maschine, die ebenfalls einen längs eingebauten Zweizylinder-Viertakt-Boxer besaß, zwar nur mit 614 cm^3 Hubraum, dafür aber wassergekühlt. Betrachten wir den Rahmen der Menos genauer, sind wir schon bei der nächsten Kategorie dessen, was das Jahr 1923 an Neuem zu bieten hatte, gelandet. Hier hatte man sich nämlich vom Fahrrad-Rohrbau verabschiedet und einen verkleideten Kastenrahmen geschaffen, der z.B. auch den Tank integrierte. Entsprechendes finden wir beim Hersteller Per aus Braunschweig, der sein vollverschaltes Ecken-und-Kanten-Zweirad nicht ganz zutreffend „die vornehme Maschine für zwei Personen“ nannte. Auch D.A.W. in München lieferte Ähnliches und musste ähnlich schnell (schon 1925) die Produktion beenden.

Den Abschied vom Rohrschleifen-Rahmen gestaltete die Berliner Firma Westendarp & Pieper recht futuristisch. Ein zentrales Rohr (nahtlos gezogenes Mannesmann-Rohr) bildete das Rahmenrückgrat und diente als Tank. Motorisch blieb man ebenso extravagant: zum Einsatz kamen Bekamo-Motoren mit 129 cm^3 oder 175 cm^3 Hubraum. Hugo Ruppe griff 1925 bei einer zweiten Version seiner Bekamo-Maschinen auf diese Bauweise zurück.

Nicht nur vom Rohr, sondern vom Stahl überhaupt wollte sich 1923 der Hersteller MFB (Hamburg) verabschieden. Das zentrale Rahmenelement und die (Pendel-)Gabel bestanden aus Holz, allerdings „stahlarmiert“. 1924 hatte Hoco (Hohmeyer & Co.) in Minden die Produktion übernommen und lieferte das Fahrzeug bis etwa 1928, ausgerüstet mit diversen Einbaumotoren.

Unortodoxe Rahmen finden wir im übrigen auch bei Fahrzeugen, deren Verwendungszwecke schon recht seltsam anmuten: etwa beim Mauser-Einspurauto mit seitlichen Stützrädern oder bei dem 1923 ebenfalls noch im Schwange befindlichen Plattformroller à la Postler oder Krupp.

Die große Mars mit längs eingebautem Viertakt-Boxer – ein Schlachtschiff

Das fährt der Schreiner: „stahlarmierte" MFB

Viel Verkleidung und ein klein wenig DKW-Motor drunter

Anzeige aus dem Jahr 1924

Traditionsfirmen sind auch schon dabei

Bisher war viel von Skurrilem, Unortodoxem oder Alternativem die Rede gewesen. Darüber soll nicht vergessen werden, dass zahlreiche Firmen, die heute als klassische Zweiradhersteller gelten, solide bis exquisite Maschinen lieferten. BMW begann 1923 mit der Produktion der Boxer-Zweizylinder R 37 und begründete damit eine erstaunliche Branchenkarriere. NSU war schon fast ein Vierteljahrhundert im Geschäft, technisch ein wenig altbacken, aber immer noch eine gute Adresse. Victoria, Wanderer und DERAD (auch D-Rad) beackerten mit Einzylindern, V-Maschinen und Boxern die traditionelle Viertakt-Szene. Triumph setzte mit dem 300-cm³-Modell Knirps auf die Zweitakttechnik, ebenso die 1920 von Arno Dietrich gegründete Marke Ardie. Der Ardie „Minimax" mit 250 cm³ war auch 1923 unverändert aktuell.

Das besondere dieses Jahrgangs liegt also darin, dass die großen Traditionsfirmen mit all ihrer historischen Substanz oder ihrer weltmeisterlichen Zukunft gemeinsam mit Firmen wie Franz Krause (FKS) oder Willibald Mayer existierten und das Motorrad sich im Schnittpunkt dieser so gänzlich verschiedenen Linien entwickelte. Diese Dynamik verschwand bald. Einheitskonstruktionen und Marketing-Leitlinien setzten sich durch. Die Zeit, in der sich Konstrukteure wie Fritz Cockerell, der neben der Megola auch einen Fahrradhilfsmotor von 110 cm³ Hubraum, den Piccolo-Zweitakter mit 34 cm³, einen 169 cm³ Zweitakter mit Wasserkühlung und vieles andere konstruiert hat, entfalten konnten, umfasste nur wenige Jahre. 1923 war auf jeden Fall eines davon.

Ein alter Bekannter, der 1923 erstmals unter eigener Flage segelte

BMW R 37, der 1923 vorgestellte Motorrad-Erstling einer ehemaligen (und zukünftigen) Flugmotorenfabrik

„Die Form folgt der Funktion": TX aus Berlin mit kompromisslos modernem Rahmen

Mit dem Bekamo-Triebwerk war die TX durchaus passend motorisiert

Wenn der Postmann dreimal hupt

Die Zweiradfahrzeuge der Post

von Manfred Nabinger

François scheint einer längst entschwundenen Vergangenheit zu entstammen: als Prototyp des französischen Provinzbriefträgers ist er einem Schwätzchen nicht abgeneigt, kann einem Schnäpschen kaum widerstehen, ist überall dabei und bei Bedarf auch schnell wieder weg. Der schlaksige Postbote muss auf seinem spartanisch ausgerüsteten Drahtesel zwar täglich einiges an Kilometern zurücklegen, trotzdem wirkt sein Berufsalltag fast gemütlich. Dies ändert sich schlagartig, als Schausteller und Zirkusleute ins Dorf kommen. Sie führen in einem Zelt eine Wochenschau vor, die in grotesker Überzeichnung die extreme Schnelligkeit und Zuverlässigkeit der amerikanischen Post schildert. Helikopter kommen zum Einsatz, Harley-Davidson-Maschinen ebenso, die Auslieferung von Briefen besteht zuweilen aus gefährlichen Stunts und wird von muskelstrotzenden Supermännern absolviert. François, schon nicht mehr ganz nüchtern, ist in den Grundfesten seiner Briefträgerexistenz erschüttert. Das Motto „Schnell, schnell, schnell" prägt sich ihm als Kampfruf ein. Am nächsten Tag will er die Post ebenfalls „auf amerikanisch" ausliefern. Am liebsten würde er alles gleichzeitig erledigen. Vor lauter Eile und Hetze gelingt es ihm kaum, eine Sendung unversehrt oder auch nur an den passenden Adressaten auszuliefern. Er wird sich den ganzen Tag über abzappeln, zum Gespött seiner Mitmenschen machen, so gut wie alles vermasseln und am Abend resigniert feststellen, dass er trotz allem nicht viel schneller war als die sinnbildliche Schnecke.

„Jour de fête" (zu deutsch „Tatis Schützenfest") heißt der Film, den Jacques Tati 1949 drehte und der auf seinem Kurzfilm „Die Schule der Briefträger" (1947) basiert. Er gilt heute als Klassiker des franzö-

Das Kennzeichen verrät es: dieser Roller rollt für die Post (mkf)

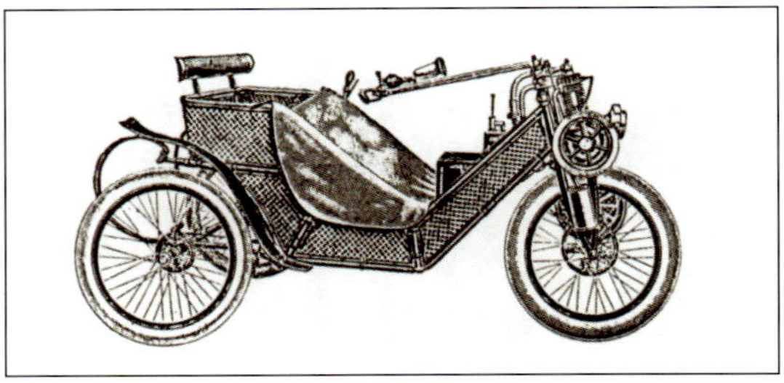

Aus dem Motorrad entwickelt: frühe Cyklonette, posttauglich

sischen Kinos. Tati spielt den vom Geschwindigkeits-Virus der „Modernen Zeiten" infizierten Postler François, der der modernen Technik mit extremem Einsatz seiner persönlichen Mittel Paroli bieten will. Seine kleinen Alltags-Abenteuer vermitteln den Zuschauern die Erkenntnis: Als Ideal mag maximale Geschwindigkeit ja gut und schön sein, in der Praxis zeigen sich aber schnell die Grenzen. Alle Versuche, die Vorgaben einer mechanisierten und technisierten Welt mit einfachen menschlichen Mitteln zu erfüllen, können nur in Komik, Klamauk und Groteske enden.

Soviel zum inhaltlichen Bezug dieses Films. Auf einer historischen Ebene betrachtet, spiegelt das „Schützenfest" durchaus realistisch eine Zeit wider, in der sich die Post weltweit immens beschleunigte. Die „Verkraftung" – wie die Motorisierung in Deutschland Post-offiziell genannt wurde – war in vollem Gange. Sie kann heute, im Zeitalter der Digitalisierung und Vernetzung, als abgeschlossene Phase betrachtet werden. Sie brachte im Laufe ihrer vollen Ausgestaltung einige Fahrzeugtypen hervor, die heute aus dem Fuhrpark der Post AG verschwunden sind: z.B. Omnibusse aller Größen und Bauweisen für den Personentransport, Elektromobile unterschiedlichster Gestaltung und Verwendung, Dreiräder zur Paketsammlung und -auslieferung, Motorräder und Mopeds für die unterschiedlichsten Einsatzzwecke.

Letzteren ist dieser Artikel gewidmet. Er stellt für den Autor und wohl auch die meisten Leser einen Einstieg in dieses von der Literatur zur Posthistorie bisher kaum beachtete Themenfeld dar und verzichtet daher von vornherein auf jeden Anspruch auf Vollständigkeit.

Der gigantische Fuhrpark der Post

Die beiden Postreformen von 1989 und 1994 lösten die Deutsche Bundespost aus der Regierungszuständigkeit heraus, spalteten sie in die drei Unternehmensbereiche Telekom, Post AG und Postbank auf und trieben deren Privatisierung und schließlich den Gang an die Börse voran.

Telekom, Post AG und Postbank sind heute drei eigenständige Unternehmen mit jeweils eigener Logistik. Die alte Bundespost war hingegen ein riesiges Unternehmen, das über eine gigantische Infrastruktur verfügte, die ihm fast alle Betriebsmittel lieferte. Ein FTZ (Fernmeldetechnisches Zentralamt) bzw. PTZ (Posttechnisches Zentralamt) beschaffte und verwal-

Langsam, aber stetig verdrängten motorisierte Fahrzeuge die Pferdefuhrwerke der Post (mkf)

tete alle Gerätschaften und damit natürlich auch alle Fahrzeuge. Die Post baute keine Fahrzeug selbst, entwickelte diese aber in enger Zusammenarbeit mit diversen Herstellern. Manche Modelle wurden ausschließlich für die Post gebaut. Als bekanntestes Beispiel darf hier wohl der VW „Fridolin" gelten, ein Post-Lieferwagen auf Käfer-Basis. Stellte die Post ihre Fahrzeuge auch nicht selbst her, so war sie doch auf vielen anderen Gebieten der Kfz-Technik quasi autark. Sie besaß eigene Kfz-Werkstätten, wo Teile nicht nur repariert, sonder auch gefertigt wurden. Sie verfügte nicht nur über geschulte Fahrer, sondern auch über eigene Fahrlehrer. Ja, sie bildete auch diese Fahrlehrer wiederum selbst aus. Die Sachverständigen, die die Untersuchungen an den Postfahrzeugen durchführten, waren nicht nur bei der Post beschäftigt, sondern ebenfalls dort ausgebildet worden. Bei Unfällen beglich die Post die Schäden übrigens selbst: sie war Selbstversicherer, hatte also keine Verträge über ihre Fahrzeuge bei fremden Gesellschaften abgeschlossen.

Die Deutsche Bundespost war über Jahrzehnte hinweg größter ziviler Halter von Kraftfahrzeugen in Deutschland, sogar in ganz Europa. Im Jahr 1988 besaß sie fast 100 000 Fahrzeuge. Davon waren etwa die eine Hälfte PKW, knapp die andere Hälfte bestand aus LKW verschiedener Gattungen. Die Zahl der Motorräder belief sich dabei auf sage und schreibe 300 Exemplare! Das war nun tatsächlich eine lächerlich geringe Menge, aber immerhin erklärbar in

Mit dem Flottweg zur Rumplertaube: Luftpostbeförderung Anfang der zwanziger Jahre (mkf)

einer Zeit, als das Motorrad sich schon lange vom Nutz- und Arbeitsfahrzeug zum reinen Spaßvehikel gewandelt hatte. Besonders hoch war die Zahl der Postmotorräder aber auch vorher nicht gewesen. 1952, zu Beginn des Zweiradbooms, zählte man 1056 Maschinen. 1961 war der Bestand nur relativ gering

Schnell muss es gehen. Mit Motorrad-Gespann und Dreirad zur Luftpostmaschine (mkf)

Victoria-Gespann für die Paketbeförderung (mkf)

auf 1280 Exemplare angestiegen, fiel dann aber drastisch auf 440 Motorräder im Jahr 1967.

Das Moped, das 1953 vom Gesetzgeber als eigene Gattung definiert worden war, taucht in offiziellen Post-Daten 1961 mit 2606 Exemplaren auf. Für die Folgejahre versteckten sich die gedrosselten 50-cm^3-Fahrzeuge in der Statistik unter „Sonstige". 1967 gab es beispielsweise 7 317 „Sonstige", 1988 waren es 8 522. Für diesen Zeitraum kann man wohl einige tausend Mopeds im Postbetrieb veranschlagen. Möglicherweise fielen für die Post-Statistiker auch die Motorroller unter „Sonstige", obwohl sie ansonsten in vielen Zulassungs-Übersichten zu den Motorrädern gezählt werden.

Die Zahlen belegen eindeutig: neben Postomnibussen, den Postwaggons, den Liefer- und Transportfahrzeugen für Pakete und Stückgut nahmen die motorisierten Zweiräder nur einen geringen Raum ein. Etwas günstiger fällt der Vergleich der tatsächlichen Fahrleistungen aus. Die Mopeds erbrachten 1956 im Postdienst 2 364 000 km. Diese Leistung stieg stetig bis 1961 an, als 11 903 000 km erfahren wurden. Dies war nun eine beachtliche Steigerung um das Fünffache. Im Vergleich mit der Summe der Fahrleistungen, die von anderen Fahrzeugen (Fernmeldefahrzeuge, Omnibusse, LKW, PKW) erbracht wurden, stieg der Anteil der Mopeds dadurch von etwa 0,5 Prozent auf etwa 2 Prozent. Wenn man allerdings Fernmeldedienst und Omnibuswesen ausklammert, wo auch oftmals PKW kein Einsatzfeld finden konnten, kommen Mopeds 1961 immerhin auf etwa 8 Prozent der Gesamtleistung (152 932 000 km zu 11 903 000 km). Zählt man die Fahrleistungen der Roller und Motor-

Zündapp-Boxer-Gespann im Paketdienst (mkf)

Fuhrpark der Post in den zwanziger Jahren: Fahrräder, Motorräder, Dreiräder, LKW (mkn)

räder hinzu, so dürfte der Zweiradanteil im Postdienst (ohne Personentransport und Fernmeldewesen) etwas über 10 Prozent gelegen haben.

Grund genug, die gelben Zweirädern einmal genauer unter die Lupe zu nehmen und ihre Entwicklung in einem eigenen Beitrag nachzuzeichnen.

Der Postillon steigt vom Bock – die „Verkraftung" kommt (1900 bis 1917)

1990 feierte die Post ihr 500-jähriges Jubiläum. Sie leitete sich damit vom Botenwesen her, wie es Kaiser Maximilian 1490 zentral für sein Reich organisieren ließ. Den laufenden Boten folgten die berittenen, diesen die von Pferden gezogenen Wagen und Kutschen, die nicht nur mehr Briefe, sondern vor allem auch Personen transportierten. Just als das Kutschenwesen einigermaßen funktionierte, erschienen die ersten Anzeichen einer bedrohlichen Gefahr. In Form der Eisenbahn und der Dampfomnibusse tauchten ab etwa 1835 die ersten mechanisch angetriebenen Fahrzeuge auf, die auf Kunststraßen oder eigens angelegten Trassen liefen. Die Eisenbahn schluckte den Kutschen auf den Hauptstrecken schnell die Passagiere weg. Den Postillionen blieben aber immerhin noch die zahlreichen Nebenstrecken. Das Briefwesen profitierte bald von der Bahn, denn diese beförderte die Sendungen mit bisher unerreichbarer Geschwindigkeit. Bis Mitte des 19. Jahrhunderts hatten, was Fahrgastzahlen bzw. Kilometerleistungen betrifft, die Kutschen immer noch die Nase vorn.

Den Beginn der modernen deutschen Post kann man auf das Jahr 1871 legen, als im geeinten Deutschen Kaiserreich die vormaligen Länderposten ihre Autonomie verloren und zu einer zentralen Institution zusammengefasst wurden. Einzig Bayern und Württemberg blieben außerhalb dieses Verbundes. Die moderne Post entstand also noch im Zeitalter der Kutschen und Eisenbahnen. Um die Jahrhundertwende führte die „Deutsche Post und Telegraphenverwaltung" erste Versuche mit motorisierten Straßenfahrzeugen durch. Zu diesem Zeitpunkt standen einem Dutzend Experimentalfahrzeugen noch etwa 7000 Pferde gegenüber, zuverlässige Arbeitstiere, die Kutschen und Wägen zogen.

1895 war auf der Strecke Nephten–Deuz ein motorisierter Fahrdienst eingerichtet und aufgrund zahlreicher Probleme schnell wieder aufgegeben worden. 1898 baute Gottlieb Daimler persönlich ein Fahrzeug, das zwischen Bad Mergentheim und Künzelsau fuhr. Dieser Test erstreckte sich über ein halbes Jahr, danach wurde der Betrieb ebenfalls eingestellt .

Aufwendig restaurierte Universelle des Museums für Kommunikation Frankfurt

Gebläsekühlung für den 250-ccm-Motor wird bei diesen Lasten unumgänglich

1904 beauftragte die Reichspost den Unternehmer Büssing, einen Fahrdienst zwischen Braunschweig und Wendeburg einzurichten. Dies war der erste erfolgreiche Alltagsbetrieb von Fahrzeugen mit Verbrennungsmotoren im Postdienst. Ein Jahr später befuhr die (immer noch selbständige) Bayerische Post die Strecke Bad Tölz und Lenggries mit Bussen. 1906 richtete dann die Reichspost die erste eigene Linie mit Kraftfahrzeugen zwischen Friedberg und Ranstadt ein. Die Zahl der Fahrzeuge mit Verbrennungsmotoren stieg in den folgenden Jahren schnell an. 1921 finden wir etwa 8000 Kraftfahrzeuge im Postdienst, 1941 waren es schon rund 14 000, 1961 verfügte die Post über 40 000 Fahrzeuge und 1988, im letzten Jahr vor der Postreform, lag die Zahl bei knapp unter 100 000 Exemplaren.

Ebenso rapide wie sich in den zehner und zwanziger Jahren die Kraftfahrzeuge der Post vermehrten, ging die Zahl der Pferdedroschken zurück: In Berlin gab es 1920 noch 1581 Pferde bei der Post, von den 1925 noch 40 übriggeblieben waren. Am 25. Dezember 1925 fand dort die letzte Fahrt einer Pferdedroschke der Reichspost statt. Einzelne Pferdedroschken oder -wägen hielten sich – dann allerdings schon als Kuriosität – bis in die dreißiger Jahre. 1937 fuhr zum letzten Mal eine Postkutsche im regulären Linienverkehr zwischen Dietramszell und Holzkirchen. Somit gebührt Bayern sowohl die Ehre der ersten Kraftpost als auch die der letzten Kutschenpost. Dass alte und neue Zeiten bisweilen gleichzeitig existieren können, zeigt Folgendes: während auf kleinen Nebenstrecken die allerletzten Pferdedroschken liefen, organisierte die Post schon Droschkenfahrten mit Nostalgie-Flair als touristische Veranstaltung auf landschaftlich schön gelegenen Strecken.

Soweit die allgemeine Entwicklungslinie der „Verkraftung". Motorräder spielen dabei – anders als etwa in Dänemark, wo das erste Postfahrzeug ein Motorrad war – nur die zweite Geige. Von „völlig unbefriedigenden" Versuchen der Reichspost mit Motorrädern ist erstmals 1904 die Rede. 1905 werden Brennabor-Maschinen erwähnt, damals eine solide Marke, die ihre Motorräder aber offenbar auch nicht posttauglich hinbekam. Erfogreicher waren die Firmen, die ihre Zweiräder zum Dreirad erweiterten. Adler aus Frankfurt lieferte beispielsweise ab 1902 eine Dreirad mit Elektroantrieb. Die Firma Cyklon aus Berlin war um 1900 mit einer Werner-Kopie ins Motorradgeschäft eingestiegen. Das wesentliche Konstruktionselement war der Viertaktmotor über dem Vorderrad, der auch bei einem 1906 vorgestellten Dreirad beibehalten wurde. Diese „Cyklonetten" bewährten sich gut und zählten in manchen Großstädten zu den gängigen Postfahrzeugen. Sie kamen anfänglich vor allem bei schnellen Verbindungsfahrten und in der Briefkastenleerung zum Einsatz. Der Einzylinder der Cyklonette wurde in der Folge zum Twin erweitert, das ganze Fahrzeug erhielt einen stärkeren Autocharakter.

Die konventionelle Motorrad-Front…

…hatte mit einem voll beladenen Zweispur-Heck wohl ihre liebe Mühe

Konkurrenz erstand bald in Form der „Phänomobile" der Firma Phänomen, die den Cyklonetten in den zwanziger Jahren den Rang abliefen. In Berlin zählte man 1924 erst 5 Phänomobile, 1925 waren es schon 39 Exemplare. Domäne dieser Fahrzeuge war der Briefsammel-, Eil- und Paketdienst. Motorradtypisch blieb an diesen Dreirädern das über einen Lenker direkt gesteuerte Vorderrad. Der Fahrer saß bei späteren Ausführungen in einer kleinen Kabine mit Frontscheibe, der Lenker wurde in einer Aussparung der Scheibe bewegt.

Die Post verwendete auch elektrische Dreiräder dieser Bauweise, die bis 1920 gegenüber den Kraftfahrzeugen mit Verbrennungsmotor sogar in der Überzahl waren. Die Dreiradfahrzeuge insgesamt dominierten noch bis 1930 den Fuhrpark der Post, dann erst setzten sich konventionelle Vierradfahrzeuge mehrheitlich durch. Schon ab dem Jahr 1925 betrieb die Post übrigens eine „eigene Vulkanisieranstalt für die Reparatur von Luftreifen, besonders der Riesenluftreifen" sowie posteigene Tankstellen.

Der Zeitraum bis Ende des Ersten Weltkrieges kann als Pionierphase des Zweirades im Postwesen gelten. Während die Motorisierung der Post langsam eigene Strukturen ausbildete, musste das als Nutzfahrzeug von vornherein beschränkte Zweirad quasi tastend seine Nische finden.

In München erweiterte Flottweg seine Leichtmotorräder zu Lastendreirädern (mkn)

Einspur-Flottweg von 1927 für die Telegramm- und Eilzustellung (mkn)

Ab geht die Post, z.B. auf Universelle-Dreirädern (mkf)

Motorräder bei der Reichspost (1920 bis 1945)

In den zwanziger und dreißiger Jahren war dieses Zweirad-Reservat dann gefunden. In den folgenden Jahrzehnten setzte die Post Motorräder für Telegramm- und Eilzustelldienst sowie für die Briefkastenleerung ein. Außerdem schickte man Notdienste und Inspektoren auf Motorrädern zu ihren Einsätzen. Dreirad-Phänomobile und Motorräder fuhren bis auf die Rollfelder und lieferten die Flugpost direkt an die wartenden Maschinen. Als besonders strapaziös erwies sich für alle Kraftfahrzeuge die Briefkastenleerung. Die ständige Wiederholung des Kurzzyklus von Halten, Anfahren, Bremsen und Beschleunigen sowie der vielfache Wechsel des Personals beanspruchten gerade die Zweiräder extrem. Die Instandhaltungskosten kletterten dementsprechend hoch, der Nutzen der eingesetzten Maschinen war ökonomisch schwer zu kalkulieren. Auch der Einsatz hubraumstarker Gespanne, beispielsweise mit 600-cm³-BMW-Zugpferd, löste die Probleme nicht.

Im Jahr 1925 weist die Poststatistik für Berlin 49 Motorräder auf, darin sowohl Solo- als auch Gespann-Maschinen. Wir erinnern uns an die Zahlen aus dem obigen Exkurs zur „Verkraftung": im Jahr 1925 trabten immerhin auch noch 40 Pferde für die Post durch Berlin. In den Jahren zwischen den beiden Weltkriegen griff die Reichspost auf Maschinen verschiedener Hersteller zurück. Wir finden Ende der dreißiger Jahre beispielsweise den großen BMW-Boxer R 71 mit 750-cm³-sv-Motor und einen am soliden Rohrrahmen angeschraubten Seitenwagen im Post-Fuhrpark. Weitere großvolumige Viertakt-Boxer für den Seitenwagen-Betrieb hatte die Post von Zündapp und Victoria (Nürnberg) gekauft, die Firma D-Rad in Berlin-Spandau lieferte Gespanne mit 500-cm³-Einzylinder.

Aus Dresden bezog die Post Maschinen der Marke Universelle. Von 1925 bis 1929 stellte dort die Firma Uni neben ihren Zigarettenmaschinen auch Motorräder her. Es handelte sich im wesentlichen um

Eine voll bepackte Zündapp im Landpostdienst (mkf)

Mit Fahrrädern, Lastboys und DKW-Schnellaster machte man sich in den Fünfzigern auf den Weg zur Auslieferung (mkn)

Zwei Dutzend Zündapp Bella mit und ohne „Berliner Kasten" (mkn)

kleine Viertakter mit 200 cm³ (führerscheinfrei) bzw. 250 cm³ Hubraum. Universelle lieferte beides auch in Lastenausführung mit Zweispurachse hinten. Das 250-cm³-Lastendreirad von Universelle lief bei der Post in einigen Exemplaren, wovon heute noch eines erhalten ist und vor kurzem mit sehr großem Aufwand restauriert wurde.

Ein süddeutsches Pendant besaßen die Dresdner Universelle-Maschinen in Form der Flottweg-Motorräder aus München. Auch diese kleinen Viertakter waren mit 200 cm³ und 250 cm³ Hubraum, als Zwei- oder Dreirad erhältlich. Flottweg hatte schon seine erste Konstruktion, ein Mittelding zwischen Leichtkraftrad und Fahrrad mit Hilfsmotor, ab 1922 an die Post geliefert. Ein in Darstellungen der Postgeschichte oft abgedrucktes Foto zeigt ein Flottweg-Leichtkraftrad, dessen Fahrer die Luftpost direkt ans (Rumpler-) Flugzeug bringt. Dieses Foto offenbart dem Motorrad-Historiker eine interessante Symbolik. Denn die kleinen Flottweg-Maschinchen, kaum mehr als motorisierte Fahrräder, hatten technisch und

Werbung aus den fünziger Jahren

Jede Post-Bella machte ein wenig Werbung für Zündapp

Nachfolger der Zündapp Combinette wurde im Postdienst Rabeneicks „Lastboy"

historisch sehr viel mit der Luftfahrt zu tun. Hersteller waren nämlich die Otto-Werke. Gustav Otto (der Sohn von Nikolaus August Otto, dem „Erfinder" des Viertaktverfahrens) hatte in München bis 1916 Flugzeugmotoren gebaut, musste dann aus der kriselnden Firma (aus der sich später BMW entwickeln sollte) ausscheiden und begann nach dem Krieg mit der Herstellung von Leichtmotorrädern. Statt „Luftpostübergabe auf dem Flugfeld" könnte der Untertitel des Flottweg-Fotos daher auch „Back to the roots" heißen.

Motorräder, Mopeds und Roller der Deutschen Bundespost

In den Jahren nach dem Ende des Zweiten Weltkriegs wurstelte sich das nun Deutsche Post genannte Unternehmen hauptsächlich mit Vorkriegsmaterial durch. Ab 1952 hieß die Post-Organisation der Bundesrepublik Deutschland „Deutsche Bundespost". Typenbeschränkung lautete dort das Motto der Pla-

Der Lastboy in seiner späteren (Hercules-) Version...

...und als Rabeneick-Original (mkf)

ner und Einkäufer. Um Instandhaltungs-, Lager- und Betriebskosten zu sparen, wollte man mit nur wenigen Grundtypen auskommen. Auf dem Autosektor führte das zu dem, was später als „Heirat mit VW und Mercedes" kritisiert wurde.

Für den Zweiradbereich hätten die Verantwortlichen wohl gerne ähnlich dauerhafte Verbindungen zu Zweiradfirmen aufgebaut. Allein die wirtschaftliche Entwicklung auf diesem Sektor verlief nicht so kontinuierlich, so dass häufig Nachbestellungen nicht mehr möglich waren und statt dessen Fahrzeuge eines anderen Herstellers angeschafft werden mussten. Ähnlich wie in den Vorkriegsjahren kamen motorisierte Zweiräder weiterhin hauptsächlich in der Eil- und Telegrammzustellung, bei der Briefkastenleerung, bei Notdiensten und Inspektionen zum Einsatz.

Die wesentlichen Entwicklungen, die die Zweiradtechnik in den fünfziger und sechziger Jahren durchlief, spiegeln sich auch im Fahrzeugbestand der Bundespost wider. Dies war zum einen die Schaffung einer neuen Kategorie von 50-cm³-Fahrzeugen. Hier entwickelten sich schnell aus Fahrrädern mit Hilfsmotor ab 1953 die eigentlichen Mopeds.

Mit Mopeds wie dem NSU Quickly aus den frühen Fünfzigern hatte die Post Telegramme oder Eilsendungen zugestellt. Auch die Zündapp Combinette S 423-00 kam im Brief- und Telegrammdienst zum Einsatz. Bei einer Leistung von 1,5 PS brachten die zulässigen 40 kg Nutzlast das Triebwerk häufig ins Schwitzen. Die Combinette war zuweilen auch mit einem festen Aufbau, dem „Päckchenkasten" ausgerüstet.

Die Entwicklung des Fahrzeugtyps „Moped" nahm einen rasanten Verlauf. Innerhalb weniger Jahre wandelte sich das spartanische Einfachfahrzeug zum soziusfesten Mini-Motorrad mit stabilem Rahmen und Allradfederung. Erst in dieser Form erschienen die 50-cm³-Fahrzeuge den Post-Planern tauglich für größere Lasten. Die Einkäufer orderten ab 1958 – vermutlich als Nachfolger der Zündapp Combinette – bei den Rabeneick-Werken, Brackwede, größere Stückzahlen des Modells „Lastboy". Der Lastboy war eine Variante des Modells Binetta und anfänglich in drei Ausführungen (starr, Pressstahl- oder Rohrschwinge) lieferbar. Der Sachs-Motor leistete 1,5 PS, der Lastenaufbau über dem Vorderrad verkraftete 34 kg. Seit den sechziger Jahren verfügte das Rabeneick Lastenmoped über ein kräftigeres Triebwerk von Sachs mit 2,3 PS sowie eine verstärk-

Auch das allgegenwärtige Quickly lief im Postdienst (mkf)

te Schwinge und durfte hinten eine zusätzlich Nutzlast von 8 kg transportieren.

Mitte der sechziger Jahre übernahm die Firma Fichtel & Sachs, der auch die Nürnberger Hercules-Werke gehörten, Rabeneick. Das Lastenmoped wurde deswegen ab 1966 (nun mit 2,6-PS-Sachsmotor, gebläsegekühlt) in Nürnberg gefertigt und mit dem Hercules-Emblem versehen. Die Post blieb dem Fahrzeug treu, Hercules baute es allein für diesen Abnehmer bis 1983/84 weiter. Eine Auflage von etwa 1200 Stück kam dabei noch zustande. Im Zeitalter elektronischer Zündung und computergesteuerter Fertigung von High-Tech-Modellen lieferten die Nürnberger damit schon fast einen fabrikneuen Oldtimer aus. Zumindest aber ein leicht barockes Moped mit Technik und Optik der fünfziger Jahre.

Nachdem Hercules die Produktion des Lastboy eingestellt hatte, mussten sich die Post-Einkäufer nach einem Ersatz umsehen. Dabei hatten sie wenig Glück. Der Nachfolger Puch Maxi wurde 1984 erstmals angeschafft, 1986 lief die Produktion schon wieder aus, denn Puchs Zweiradabteilung wurde von Piaggio übernommen. So kamen nur wenige Maxi-Modelle in den Genuss der gelben Farbe. Piaggio lieferte als Ersatz das Modell Vespa Si, ein bewährtes und weit verbreitetes Moped. Mit 100 kg Zuladung (bei einem Eigengewicht von 60 kg) war es aber restlos überfordert. Fliehkraftautomatik und Federung spielten häufig nicht mehr mit, extrem viele Reparaturen führten zu einer geringen Verfügbarkeit und damit hohen Kosten. 1988 wurden die letzten Vespa-Si-Modelle in Gelb geliefert. Danach setzte die Deutsche Bundespost vermehrt auf das Auto. Viele der Post-Mopeds wurden übrigens nach Gebrauch bei Auktionen unter die Leute gebracht – und es waren nicht selten Postler, die die Fahrzeuge erwarben, als sie schon Fast-Oldtimer-Status besaßen.

Kehren wir aber noch einmal in die fünfziger Jahre zurück. In der zweiten Hälfte dieser Dekade ging es mit der Produktion und dem Absatz von Motorrädern steil bergab. Einen gewissen Ausgleich brachte der Motorroller, der quasi das Zweirad auf dem Weg zum Automobil verkörperte: mehr Wetterschutz, viel Blech, weniger offenbare Technik, einfachere Handhabung. Dies waren alles auch Argumente für den Einsatz im Postdienst, denn dort fuhren natürlich nicht nur begeisterte Motorradfahrer Briefe und Telegramme aus, sondern vor allem Männer und Frauen, die ihre Arbeit lieber trocken und unzerknautscht erledigten.

Von wegen Schneckenpost! Telegramm kommt mit Quickly (mkf)

Die Post sah sich Mitte der fünfziger Jahre auf dem deutschen Rollermarkt um und wurde bei der Firma Zündapp fündig. Deren Modell Bella erschien diensttauglich. Die Zündapp Bella war 1953 als 150-cm^3-Roller erschienen und wurde ein Jahr später auch als 200-cm^3-Version angeboten. Von den 200-cm^3-Bella orderte die Post eine größere Stückzahl. Im einzelnen handelte es sich um folgende Ausführungen:

- Zündapp Bella solo (Leistungssteigerung von 10 PS aus 200 cm^3 beim Modell 201 auf 13,4 PS bei der Bella 200, 84 kg Nutzlast)
- Zündapp Bella 201 mit SW Steib T 1 Roller (Nutzlast 155 kg)
- Zündapp Bella 201 mit Päckchenkasten (Nutzlast 63 kg). Dieser „Berliner Kasten" wurde allerdings wegen Manövrierproblemen und Windempfindlichkeit bald wieder aufgegeben.

1963 stellte Zündapp die Produktion der Bella-Roller ein. Ersatz fand die Post beim Konkurrenten Heinkel. Der hatte ebenfalls schon 1953 eine solide Konstruktion vorgestellt, mit Viertakt-Triebwerk ausgerüstet und völlig zurecht Tourist genannt. Der Roller wurde von 1953 bis 1965 in etwa 100 000 Exemplaren verschiedener Ausführung gebaut. 1960

Heinkel Tourist 103 A 2 in „Zivilausführung"

erhielt er ein Facelifting und rollte nun mit leichter Stromlinie unter der Bezeichnung 103 A 2 durch die kantigeren sechziger Jahre.

Heinkel versuchte damit auch ins Behördengeschäft zu kommen und lieferte einige hundert Maschinen an Polizei und Post. In der Post-Version waren Zuladungen von 15 kg (vorne) und 60 kg (hinten) erlaubt. Der 175-cm³-Viertakter, der solide 9,5 PS auf die Bremse brachte, hatte damit keine Schwierigkeiten. Die bekam die Post dafür relativ schnell mit ihrem Lieferanten. Denn auch Heinkel stieg bald aus dem Rollerbau aus. Wieder mussten sich die Post-Einkäufer nach einem Nachfolgemodell umsehen. Zündapp stand mit einer Neukonstruktion bereit. Die Bella hatte man zwar aufgegeben, dafür aber einen 50-cm³-Roller geschaffen, der als Mokick (R 50) und als ungedrosseltes Kleinkraftrad (RS 50) angeboten wurde. Das Kleinkraftrad brachte es mit dem gebläsegekühlten Motor auf 4,6 PS und konnte rund 70 kg Nutzlast transportieren, stand dem Heinkel Tourist damit nur um weniges nach. 20 Jahre hielt sich der kleine Roller im Zündapp-Programm. Erst die Firmenpleite 1984 und der Verkauf der Fertigung nach China beendeten die Produktion. Dieses Mal sah sich die Post nicht nach einem neuen Lieferanten um. Das motorisierte Zweirad galt eindeutig als Auslaufmodell.

Damit kommen wir zum dritten großen Zweirad-Trend der Nachkriegszeit: das Motorrad entwickelte sich weg vom Transportfahrzeug, hin zum reinen Freizeit- und Spaßgerät. Ansonsten wollten alle Auto fahren. Auch bei der Post. Auch im Dienst.

Wir stoßen also auf relativ wenige echte Motorräder im Postdienst, von denen zudem viele keine Transportaufgaben mehr ausführten. BMW lieferte der Post Anfang der Fünfziger sein Topmodell R 67/3, das, ausgerüstet mit Dittmann-Seitenwagen, in der

Zündapp Bella in Privatbetrieb...

...und postalisch zugelassen mit „Berliner Kasten" (mkf)

„Für mich?" „Ja, ein eiliges Telegramm." (mkf)

Briefkastenleerung Verwendung fand, wie auch noch der Nachfolger R 60. Die Vollschwingen-Maschine mit 28 PS Leistung erhielt einen Royal-Seitenwagen SW 284/1 angeflanscht und konnte immerhin 200 kg Nutzlast transportieren. Dies war Mitte der fünfziger Jahre. BMW-Boxer-Maschinen hatten damals international den besten Ruf, waren durchaus als schnell und sportlich zu bezeichnen und aus heutiger Sicht bei der Briefkastenleerung etwas fehl am Platz.

In der Telegrammzustellung griff die Post auf den kleinen Zweitakter RT 175 von DKW (9,5 PS, 78 kg Nutzlast) und auf die Zweitakter Lux bzw. Superlux von NSU (11 PS, 75 kg Nutzlast) zurück. Die Viertaktmaschine Max aus gleichem Hause (17 PS aus 250 cm^3) kam im Postnotdienst und als Fahrschulfahrzeug zur Verwendung. Diese Einsatzgebiete wurden in den späten sechziger und siebziger Jahren zu den Motorrad-Refugien, wohin sich einige Maschinen retten konnten. Im normalen Post-Alltag lautete die Fahrzeug-Alternative immer häufiger: Fahrrad oder Auto. Dazwischen gab es nichts mehr.

Die bis hier skizzierte Entwicklung betrifft nur die Deutsche Bundespost. Zur Zweirad-Ausrüstung der Post der DDR liegen dem Autor nur wenige Informationen vor: EMW-Einzylinder nach Baumuster BMW, später AWO 425 mit Viertakt und Kardan sowie MZ-Fahrzeuge kamen zum Einsatz.

Motorisierte Zweiräder von Post AG, Telekom und Postbank

Die Postbank verfügt heute, soweit zu ermitteln war, über keinerlei motorisierte Zweiräder. Auch bei der Firma Telekom muss man nicht lange nach Mopeds oder Motorrädern suchen. Es gibt keine. Denn schon der Telekom-Vorläufer Fernmeldetechnischer Dienst hatte sich 1956 von dieser Fahrzeuggattung getrennt.

Die Post bzw. die Post AG starteten nach 1989 trotz der geringen Akzeptanz von Mopeds und ihren relativ hohen Wartungskosten noch einige Versuche mit motorisierten Zweirädern:

Man erprobte Mitte der neunziger Jahre das Simson-Dreirad SD 50 „Albatros" (3,3 PS aus 50 cm^3, 125 kg Eigengewicht, Nutzlast 120 kg, zul. Gesamtgewicht 350 kg). Der Albatros war als Nachfolger von Lastboy, aber auch Universelle, Flottweg etc. gedacht. Er vereinigte in der Praxis allerdings eher die Nach- als die Vorteile von Auto und Motorrad: es gab nur mäßigen Wetterschutz, der kleine Zweitakter erwies sich als wartungsintensiv, das Fahrzeug mit Zweispurachse hinten war kaum wendiger als ein kleiner PKW. Es waren durchaus Einsatzgebiete für den Albatros denkbar, allerdings nicht bei der Post.

Die Zündapp Combinette, das erste Lastenmoped der Post (mkf)

So blieb das kleine Dreirad zwar im Programm des Suhler Herstellers, fand aber keinen Weg in den Post-Fuhrpark.

Ebenfalls aus Suhl stammte das Simson-Moped SR 50/1 C. (3,3 PS aus 50 cm^3, Leergewicht 88 kg, Zuladung 60 kg). Wiederum begann die Post mit einer Erprobung im Alltagsbetrieb, wiederum wurde die Anschaffung nach dem Test verworfen.

Der bislang letzte Versuch, ein motorisiertes Zweirad im Postdienst einzusetzen, erinnert an die Frühzeit der „Verkraftung", als motorisierte Fahrräder oder Motorfahrräder wie das kleine „Flottweg" benutzt wurden. Im Jahr 2000 testete die Post mehrere „Akku-bikes". Die elektrische Trethilfe wirkt immer nur zusätzlich zur Pedalkraft und schaltet sich bei Erreichung einer Geschwindigkeit von 20 km/h aus. Damit gilt das Fahrzeug nicht als Kraftfahrzeug. Von Yamaha stammt das Antriebs- und Regelsystem mit dem Namen PAS, das aus Akku, Sensoren, Rechner-Chip und Elektromotor besteht. Lastenfahrräder der Marke Biria und Kynast wurden damit ausgerüstet und in einigen Dutzend Exemplaren erprobt. Das Biria beispielsweise verfügt über Trommelbremse vorn, Scheibenbremse hinten und eine Fünfgang-Nabe. Bislang war noch keine definitive Entscheidung zu hören, die Akku-Bikes gelten aber wohl nicht als Alternative für die rund 25 000 Briefträger, die mit dem Fahrrad Dienst tun.

Basisversion der Combinette

Die „Verkraftung" der Post hat sich parallel zur „Verkraftung" der gesamten Gesellschaft entwickelt. So wie hier die Infrastruktur immer stärker auf das Auto hin organisiert wurde, hat das vierrädrige Kraftfahrzeug auch im Postdienst quasi ein Monopol etabliert. Damit dürfte das Kapitel „Motorräder, Mopeds und Roller bei der Post" als abgeschlossen gelten und hauptsächlich von historischem Interesse sein.

Die Zweiräder der Post werden in Zukunft wohl den Namen Fahrrad tragen.

Zündapp-Stand auf der IFMA 1960 mit Post-Bella im Hintergrund

Hercules Lastboy, Baujahr 1982

Zustelldreirad Simson SD 50

34 kg durfte der Hercules Lastboy offiziell über dem Vorderrad befördern

Dieses Simson Dreirad lief von 1994 bis 1997 zur Erprobung in Frankfurt

Heinkel Tourist 103 A2 mit schnittiger Front…

…und postalisch nutzbarem Heck

Tourist von 1961 in „Postgelb", der Lackierung späterer Postfahrzeuge. Originalfarbe war „Honiggelb"

Der Zündapp RS 50 beerbte nach kurzem Heinkel-Zwischenspiel seinen Vorläufer Bella

Ein Flop im Postbetrieb: Vespa Si von 1988, mit dem Einsatzzweck überfordert

NSU Max von 1961. Sie wurde in der Fahrschule und im Postnotdienst eingesetzt

Die Hercules K 125 S, bekannt als Zweitakt-Rauhbein und Schluckspecht, lief nicht in der Auslieferung, sondern in der Post-Fahrschule

Vorläufig letztes Stadium der „Verkraftung" auf zwei Rädern: Biria Lastenfahrrad…

…mit Yamaha-Elektromotor, Scheibenbremse und Fünfgang-Schaltung

Museen und Institutionen

Die Geschichte der Post ist in eigenen Museen und Sammlungen gut dokumentiert. Schon Ende des 19. Jahrhunderts entstand eine „Plan- und Modellsammlung" in Berlin. Daraus entwickelte sich nach dem Zweiten Weltkrieg das (alte) Postmuseum in Frankfurt. Im Zuge der Postreform wurde 1995 eine Stiftung „Post und Telekommunikation" mit Sitz in Bonn gegründet. Sie verwaltet und betreibt diverse Magazine und der Öffentlichkeit zugängliche Museen:

- Museum für Kommunikation Frankfurt a.M., Schaumaninkai 56, 60596 Frankfurt
- Museum für Kommunikation Nürnberg, Lessingstraße 6, 90443 Nürnberg
- Museum für Kommunikation Berlin, Leipziger Straße 16, 10117 Berlin
- Museum für Kommunikation Hamburg, Gorch-Fock-Wall 1, 20354 Hamburg

Weiterführende Literatur:

- Burkert, G.: Der technische Kraftfahrdienst bei der Deutschen Bundespost, Goslar 1963
- Linden, Dr.: 50 Jahre Kraftpost in Deutschland. In: Archiv für deutsche Postgeschichte 2/55 Archiv für deutsche Postgeschichte 2/74
- Rungs, G.W.: Die bahnbrechende Idee eines Kielers im Jahr 1835. Postbeförderung zwischen Kiel und Altona mit Dampfwagen im Jahr 1835. In: Archiv für deutsche Postgeschichte 2/80
- Maderholz, E.: Elektrofahrzeuge im Postdienst. In: Archiv für deutsche Postgeschichte 2/81
- Ehrenfried, W.: Cyklonette- und Phänomobil-Dreiradkraftwagen im Postdienst. In: Archiv für deutsche Postgeschichte 2/82
- Stern, V.: 80 Jahre Kraftpost in Deutschland. In: Archiv für deutsche Postgeschichte 2/89
- Buschmann, K.: Da ging die Post ab. Bd I., Aach/Trier, o.J. (1990)
- Buschmann, K.: Da ging die Post ab. Bd. II, Aach/Trier

Der Autor möchte vor allem Herrn Christian Thürmer danken, der ihm Archivmaterial zugänglich machte, Kontakte vermittelte und Fragen zur Post- und Fahrzeuggeschichte beantwortete.
Das Museum für Kommunikation Frankfurt stellte die mit MKF gekennzeichneten Bildvorlagen zur Verfügung. Aus dem Museum für Kommunikation Nürnberg stammen die durch MKN markierten Fotos. Alle übrigen Aufnahmen kommen vom Autor.

Die Geschichte der 125er Rennfox

Vor 50 Jahren gewann NSU die Motorradweltmeisterschaft der 125er und 250er Klasse

NSU Fox

von Jürgen Nöll

Nach dem Zweiten Weltkrieg ist der deutsche Motorradsport vom internationalen Renngeschehen isoliert. Zwar gibt es wieder Motorradrennen, aber nur auf nationaler Ebene.

Doch mit dem Beitritt Deutschlands im Jahre 1951 zur FIM ändert sich diese Situation schlagartig. Für Deutschland und seinen Motorradsport wird plötzlich der seit 1947 bestehende internationale Kompressorbann wirksam. Nun müssen des Landes stärkste Waffen, seine Kompressormaschinen, vom aktiven Geschehen ausgemustert werden.

Dieses harte Urteil trifft die Zweitakt-DKWs mit Ladepumpe oder Gebläse, trifft die Zweizylinder-BMW mit Kompressor und schaltet auch die 350er und 500er Zweizylinder-Kompressor-NSU aus. Alles Maschinen, mit denen Deutschland vor dem Kriege Weltgeltung erlangt hatte und auch noch nach 1946 außergewöhnliche Leistungen vollbrachte.

Zahlreiche Weltrekorde, darunter der absolute Motorrad-Weltrekord der 350er Klasse mit 280 km/h und der der 500er Klasse mit 290 km/h wurden noch mit dem systematisch bei NSU weiterentwickelten Kompressormotor aufgestellt. Doch helfen all diese sportlichen und technischen Spitzenergebnisse nicht über die eine Tatsache hinweg: Ab 1951 steht die vormals so große Motorradnation im internationalen Straßenrennsport vor dem Nichts, ist nicht in der Lage, mit geeigneten Maschinen in die seit 1949 durchgeführten Weltmeisterschaftskämpfe einzugreifen. Man ist um Jahre zurück geworfen, hat den Anschluss im Bau hochwertiger, kompressorloser Rennmaschinen verpasst und wird sehr sehr lange zu tun haben, bis man mit Neukonstruktionen in die Bereiche der führenden ausländischen Maschinen aller Klassen vorstoßen kann."

Diese düstere Prophezeiung stammt von keinem geringeren als Eugen K. Schwarz, einem der bedeutendsten Motorsport-Journalisten dieser Zeit.

Doch BMW, DKW, NSU und Horex stellen sich dieser Herausforderung. Die 125er Viertakter aus Italien, Mondial, MV Agusta und Morini sind die großen Vorbilder für NSU. Es ist der Zeitpunkt gekommen, die Rennaktivitäten neu zu orientieren. Vor allem sollten sie mit dem Produktprogramm, also den Hubraumklassen 125 und 250 cm^3 korrespondieren.

Nach 50 Jahren erstmals wieder beim Donauringrennen in Ingolstadt am Start: die erste DOHC-Rennfox R 11 von 1951

Bereits 1950 ließ Generaldirektor Niegtsch zur Nachwuchsförderung 30 „Renn"-Föxe fertigen, die der Serienfox sehr ähnelte. Beide hatten 98 cm³ Hubraum

Zwar entsteht auch eine Halbliter-Vierzylindermaschine, doch die kommt weder als Solo- noch als Seitenwagenmaschine über mehr als einige Probegalopps hinaus. Sie wird zurück gezogen, als man Mitte der Saison 1951 mit dem als Rennfox herausgebrachten Modell der 125er Zweinocken-Viertaktmaschine auf Anhieb bessere Erfolgsaussichten sieht.

Dieses kleine Aggregat hat die gleiche Veranlagung wie die international dominierenden Ein- und Zweinocker aus Italien und es bedarf nur einer systematischen Weiterentwicklung und Verfeinerung des Gegebenen, um nach und nach in die Spitzenbereiche von 14 PS und mehr vorzustoßen.

Noch bevor die Vierzylinder wieder in die Ecke gestellt wurde, hatten sich die Renningenieure in Neckarsulm „einen der vier Teile" des Motors vorgenommen, um an ihm leichter die Probleme studieren zu können, die bei vier Einheiten schwerer zu durchschauen waren.

Dieses Einzylindertriebwerk bildete quasi den historischen Hintergrund für die Rennfox oder die „R11", wie ihre interne Bezeichnung lautete. Da außer einem passenden Kurbelgehäuse alles vorhanden ist, was man zum Bau einer Rennmaschine braucht – Rahmen, Gabel und Hinterradschwinge der Serienfox, Kopf und Zylinder der 500er –, entsteht die Fox innerhalb kürzester Bauzeit. Innerhalb von sechs Wochen werden zwei Exemplare fertig gestellt, die beim Donauring-Rennen in Ingolstadt ihr Debüt geben. „Das Entlein mit dem schiefen Kopf", wie die Rennfox bald überall heißt, erregt verständlicherweise großes Aufsehen. Die Fachwelt rätselt über Sinn und Zweck des um einige Grad verdrehten Zylinderkopfes. Bessere Kühlung? Besondere Brennraumgestaltung?

Die Erklärung ist viel einfacher: Der geviertelte Kopf der 500er passt seiner Länge wegen nicht in den kleinen Fox-Serienrahmen hinein und musste so leicht schräg gestellt werden.

Frühe Version der Rennfox mit dem schiefen Kopf von 1952

Die Tankdeckel der NSU-Motorräder und -Mopeds verkünden stolz die Erfolge der Rennmaschinen

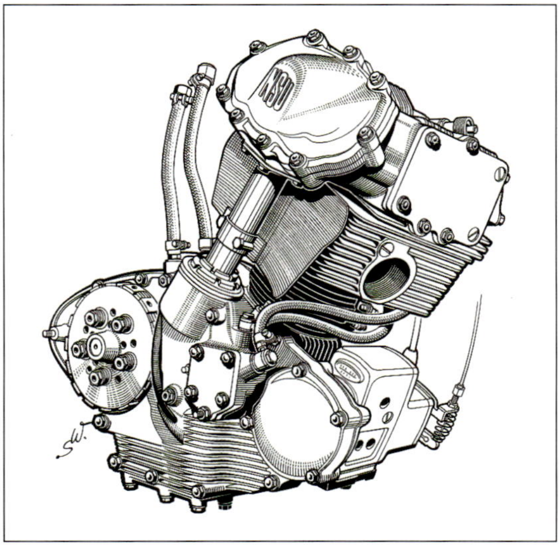

Das „Entlein mit dem schiefen Kopf"

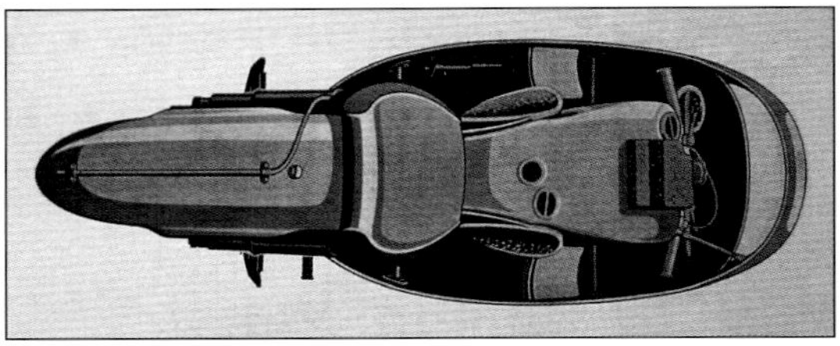

Die Rennfox von oben Motor Revue 1952/1953

Schnell waren sie bei ihrem Premiererennen, nur nicht haltbar. Sowohl Daiker als auch Dietrich blieb der erste Erfolg, wenigstens die Zielflagge zu sehen, versagt.

Doch von da ab führt ein geradliniger Weg der Aufwärtsentwicklung die 125er NSU erst einmal in die deutsche Spitzenposition vor die Werks-DKW, die in diesem Jahr allerdings noch den Klassenmeister macht, und vor die Puch- und DKW-Zweitakter der Privatfahrer.

Über den Winter 1951/1952 finden die Techniker um Dr. Walter Froede, dem verantwortlichen Leiter der Rennabteilung, und Chefkonstrukteur Albert Roder zusätzliche Maßnahmen, die Motorleistung von bisher 11 auf 13 PS bei 10 500 U/min zu steigern. Aber noch in Hockenheim im Mai 1952 muss die Rennfox von der Mondial des Weltmeisters Ubbiali eine Lektion einstecken, wo die Leistungsebene international tonangebender Maschinen dieser Klasse zu liegen hat.

Es scheinen noch Jahre der Arbeit nötig, als der neu entdeckte Fahrer Werner Haas beim Großen Preis von Deutschland auf der Solitude im August 1952 der Welt die Überraschung eines NSU-Sieges in der 125er Klasse in einem Weltmeisterschaftslauf serviert.

Ist das die erste Annäherung Deutschlands und einer seiner Marken an das Spitzenniveau des Weltmotorradsportes? Noch Monza im September 1952 bestätigt diese Annahme. Allerdings unter dem Vorbehalt, vorerst aufgeschlossen zu haben, aber noch lange nicht tonangebend zu sein: 20 Zentimeter (!!!) fehlen Werner Haas zum Sieg…

Grenzlandring 1951: Die Maschine von Otto Daiker

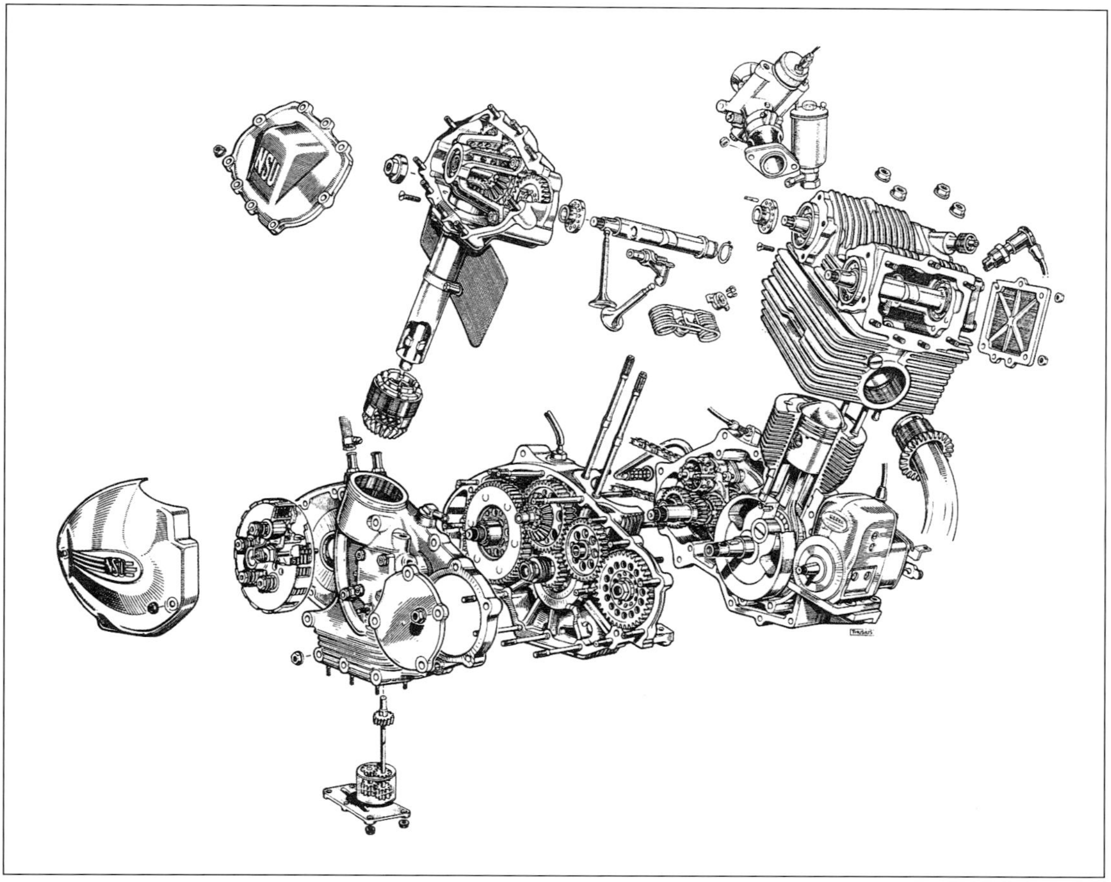

Rennmotor ohne Geheimnis: Explosionszeichnung des Rennfox-Motors, wie er vorwiegend 1951/1952 eingesetzt wurde

Rennfox Anfang 1952

Vor dem Start in Schotten 1952, von links Daiker, Luttenberger, Hoffmann (alle NSU) und Lottes (Mondial)

Der Schottenring, Brühlscher Verlag

Die 125-cm³-Klasse 1952 in Schotten in der Serpentine. Otto Daiker (NSU) vor Hubert Luttenberger (NSU), H.P. Müller (Mondial) und Roberto Colombo (NSU)

Der Schottenring, Brühlscher Verlag

In der 250er Klasse bringt Bill Lomas die nagelneue NSU-Zweizylinder an den Start. Mit der Startnummer 111 Hein Thorn-Prikker auf Moto Guzzi

Der Schottenring, Brühlscher Verlag

Doch schon diese Leistung nach knapp zweijähriger Entwicklung ist ein technisches Glanzstück. An ein Mitkonkurrieren um Weltmeisterschaften im Jahre 1953 glaubt dennoch niemand ernsthaft. Eine solche kurzfristige Entwicklung zu einer überragenden Maschine widerspräche jeglichen internationalen Erfahrungswerten über die Entwicklungsdauer eines konkurrenzfähigen Rennmotorrades. Mit dieser Beurteilung der Gesamtsituation geht NSU in die Winterarbeit 1952/1953, insgeheim aber doch mit der anspornenden Hoffnung, das Unmögliche möglich zu machen. Immerhin hatte man mit Otto Daiker die Deutsche Meisterschaft gewonnen.

Unter der feinfühligen Anleitung von Renningenieur Ewald Praxl erhält die Rennfox für die 53er Saison zahlreiche Modifikationen, die sich im We-

Solitude-Rennen am 20. Juli 1952; Werner Haas: Ein Stern geht auf

Rennfox Anfang 1953 mit „Bananentank"

Immer noch mit schiefem Kopf:
So ging die Fox in die Saison '53. Durch den
Tankausschnitt ragt der Ansaugtrichter

sentlichen auf das Fahrwerk konzentrieren. Man wollte die 53er Saison mit einem neuen Motor bestreiten, der statt bisher zwei nur eine Nockenwelle besaß. Dieser Motor hatte die Königswelle auf der linken Seite und der Kopf blickte nun wieder geradeaus. Da aber Materialbelastung und Störanfälligkeit Sorge bereiteten, gab NSU das Einnocken-Projekt bald wieder auf und entwickelte einen neuen Doppelnocken-Zylinderkopf.

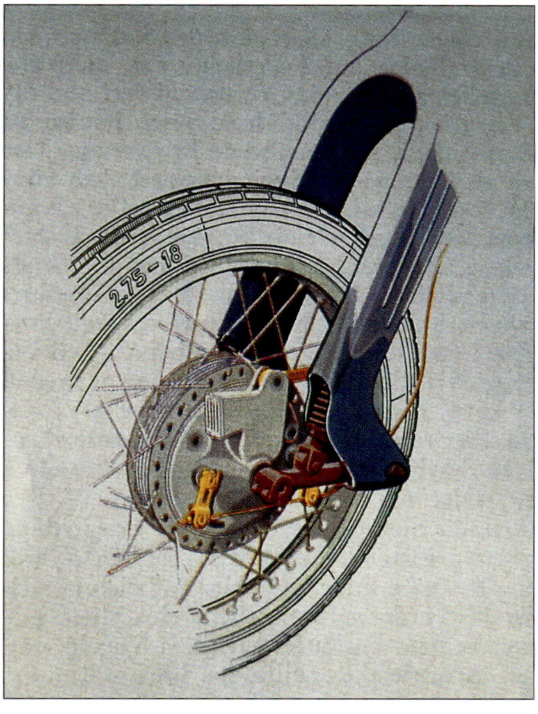

Der Motor, die Gabel und das Heck der 1953er Rennfox

Motor Revue 1952/1953

Schotten 1953: Werner Haas mit der Rennfox am Start. Links daneben der Vater der schnellen NSU-Werksrenner Ewald Praxl Der Schottenring, Brühlscher Verlag

Werner Haas wird auf der TT 1953 Zweiter hinter Leslie Graham, nachdem er 40 Kilometer lang in Führung lag Motor Revue 1952/1953

Mit 14,5 PS Leistung und einem von 90 auf 83,5 Kilogramm verringerten Kampfgewicht zieht NSU in die Schlacht um die Weltmeisterschaft. Die Werksfahrer heißen Werner Haas, Otto Daiker, Walter Reichert und Wolfgang Brand.

Das internationale Vorgeplänkel von Hockenheim vor der Weltmeisterschaftssaison lässt durch den Klassensieg von Haas und einem zweiten bzw. dritten Platz für Brand und Daiker Ahnungen auf bevorstehende Dinge aufkommen.

Und dann beginnt die fast beispiellose Erfolgsserie der kleinen NSU: Fixe Fahrer fahren FOX!!

Mit konzentriertem Einsatz werden die TT, die Großen Preise von Holland, Deutschland, Ulster, Schweiz und Italien gefahren. Mit Siegen in Holland, Ulster und Italien sowie zweiten Plätzen in England und Deutschland bricht die 125er Maschine die Überlegenheit der italienischen MV Agusta, von Morini- und Mondial-Maschinen ganz zu schweigen. Werner Haas wird mit der Rennfox Weltmeister der 125er Klasse. Die parallel zur Rennfox entwickelte 250er Rennmax ist nicht weniger erfolgreich. Nach nur dreijähriger Entwicklung von zwei Neukonstruktionen hat NSU den Anschluss an die Weltspitzenklasse erreicht. Werner Haas ist sogar Doppelweltmeister.

Für die Saison 1954 wird der benötigte Geschwindigkeitszuwachs nicht nur durch die weitere Leistungssteigerung auf knapp 17 PS, sondern auch durch den Übergang von der bisherigen Teilverkleidung des Tanks auf eine Vollverkleidung realisiert. Die Rennfox wiegt nur noch 80,5 Kilogramm und ist mit einem Doppelnockenkopf sowie einem Sechsgangetriebe ausgestattet. Bereits ab Mitte der letztjährigen Saison war der neue Kopf im Einsatz. Er hatte zusammen mit dem Sechsganggetriebe einen nicht unwesentlichen Anteil an dem Erfolg der Föxe.

Werner Haas, Weltmeister 1953 und 1954

Rennfox 1954

Bereits Ende des Jahres 1953 stellt NSU die neue Werksmannschaft vor. Wie zu erwarten, an ihrer Spitze Doppelweltmeister Werner Haas, der jetzt unter enormem Erfolgszwang steht sowie das vielversprechende 22-jährige österreichische Nachwuchstalent Rupert Hollaus. Außerdem zählen der erfahrene H. P. Müller und Hans Baltisberger zum Team.

Die Maschine mit der 1954er Blauwalverkleidung. Das Lochblech am Tank schützt den Fahrer vor Verbrennungen, da in diesem Bereich des Tanks das heiße Motorenöl untergebracht war

Solitude im Juli 1954: Die 125er Rennfox vollverkleidet. Für Monza erhielten die Maschinen zusätzlich noch verschiedene Heckverkleidungen

Erstmals gehen die schnellen Föxe im Mai 1954 in Hockenheim an den Start. Zieleinlauf: Haas, Baltisberger vor Müller und Hollaus. Auch auf dem Nürburgring belegt die Werksmannschaft die ersten vier Plätze, genau wie beim Ulster-GP im Juni. Die Überlegenheit der Achtelliter-NSU ist erdrückend. Bereits nach dem Großen Preis von Deutschland auf der Solitude, dem sechsten von insgesamt zehn WM-Läufen, steht Hollaus als neuer Weltmeister der 125er Klasse fest. Außer Hockenheim hat er jedes Rennen gewonnen. Es folgen weitere Siege auf dem Norisring, der Eilenriede sowie ein zweiter Platz in Schotten hinter seinem Teamkameraden Haas, der sich ebenfalls frühzeitig den WM-Titel in der Viertelliter-Klasse sichern kann. Der Saisonabschluss findet am 12. September in Monza statt. Die NSU-Ingenieure wissen nur zu gut, wie wichtig gerade auf dem norditalienischen Hochgeschwindigkeitskurs optimale Stromlinienverkleidungen sein können. Da die Bugverkleidung bereits optimal ist, wendet man sich nun der Heckpartie zu. Bereits drei Wochen vorher werden in Hockenheim Maschinen getestet, die allesamt Heckverkleidungen besitzen. Die Rennföxe laufen 185 km/h. 5 km/h beträgt der Geschwindigkeitszuwachs gegenüber den Maschinen mit unverkleidetem Heck. Letzte Feinabstimmungen werden dann in Monza durchgeführt.

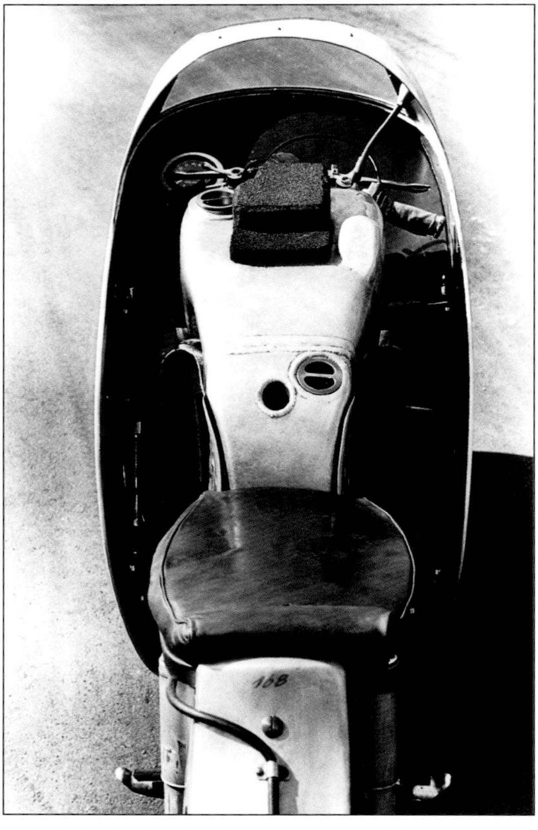

Cockpit der 1954er Rennfox. Der Tank besitzt zwei Kammern, vorn für Benzin, hinten für Öl

Doch die verkleideten Heckpartien bringen Unruhe in die Fahrwerke. Mit Anbringung von diversen Schlitzen versucht man, Luftstaus innerhalb des Heckteils zu vermeiden. Unter den drei verschiedenen Heckverkleidungen fährt Hollaus die Fox mit langem, starr montiertem Heck, Müller die kurze Ausführung und Haas ein langes Heck, das leicht pendelnd montiert worden war. Es sollte sich so der Luftströmung anpassen.

Die Tragödie ereignet sich am Samstag.

Ubbiali hatte tags zuvor mit seiner MV eine Zeit vorgelegt, an die die Rennföxe nicht einmal annähernd herangekommen waren. Beim Samstagstraining setzt Hollaus vor den Augen seines entsetzten Teamkollegen Müller auf welligem Fahrbahnbelag mit der Fußraste auf und stürzt so unglücklich, dass er an den Folgen der schweren Kopfverletzungen stirbt. Aufgrund dieses tragischen Unfalls zieht NSU alle Nennungen zurück und selbst Moto Guzzi verzichtet auf den Start.

Ganz Österreich trauert, als Hollaus mit einem Staatsbegräbnis am 18. September 1954 beigesetzt wird.

Die Neckarsulmer nehmen den tragischen Tod des jungen Weltmeisters zum Anlass, auf dem Höhepunkt der Zweirad-Ära vom Werksrennsport zurückzutreten.

Die 54er Bilanz der Rennföxe: Neun Renneinsätze, neun Siege. Dem ist nichts mehr hinzuzufügen…

NSU-Fahrer H.P. Müller

Ruppert Hollaus nach seinem Sieg auf der Solitude 1954, bzw. auf der Fahrt zum Sieg Motorradsport, Krackowizer

Zwei frischgebackene Weltmeister auf NSU: Ruppert Hollaus (links) und Werner Haas Motorradsport, Krackowizer

Auch Conti warb mit den WM-Erfolgen der Neckarsulmer

Einen deutlichen Geschwindigkeitszuwachs erzielten die Konstrukteure nicht zuletzt durch verbesserte Aerodynamik. Sie folgten damit dem italienischen Beispiel

Isle of Man: TT, 1954, 125-cm³-Klasse
Haas (3), Baltisberger (11), Hollaus (7), H. P. Müller (16) und Konkurrenz aus Italien auf MV Agusta (23, 28)

Die Entwicklung der Stromlinienverkleidung 1954:
Anfang 1954 (rechts), 10. Juli 1954 Assen (Mitte), 25. Juli 1954 Solitude (links)

Georg Thumshirn

Ein Leben für Ardie

von Thomas Reinwald

Es gab und es gibt wenige Motorradsportler, die im Laufe ihrer Rennfahrerkarriere ausschließlich einem Fabrikat treu geblieben sind bzw. bleiben. Einer jener Ausnahmen war der Nürnberger Georg Thumshirn, der sich zeitlebens der Nürnberger Motorradfirma Ardie verschrieben hatte.

Geboren wurde er am 31. August 1893 in Nürnberg als einer von drei Brüdern und erlernte nach dem Schulbesuch das Schlosserhandwerk. Er interessierte sich zu seiner Lehrzeit bereits für das Zweirad – allerdings für das Fahrrad. Seine sportlichen Ambitionen übte er im Triumph-Rennverein aus, ein Radfahrerverein, der unter den Fittichen der Nürnberger Triumph-Werke stand. Mit Ausbruch des Ersten Weltkrieges wurde er zum Wehrdienst eingezogen und verrichtete seinen Dienst als Kradmelder. Dies mag den damals 22-jährigen Georg durchaus schon begeistert haben, doch ausschlaggebend für seine sportliche Karriere als Motorradrennfahrer war das Zusammentreffen mit dem bei Triumph beschäftigten Landmaschinenmechaniker Arno Dietrich. Dietrich war bei Triumph als Werksmeister angestellt und da Triumph schon kurz nach dem Ersten Weltkrieg den Motorradbau – das Nürnberger Werk übernahm den in England von Triumph Coventry bereits angebotenen Typ Junior und nannte ihn in Deutschland Knirps – aufnahm, bekam Dietrich die Anfänge des Motorradbaus bei Triumph mit und entschloss sich, selbst unter die Motorradhersteller zu gehen. Doch so einfach der Schritt auch schien, es war doch sehr riskant von der sicheren Anstellung zum risikofreudigen Unternehmer umzusatteln, zumal es um 1918/19 keineswegs sicher war, dass der Motorradbau eine rosi-

Eine Aufnahme des Triumph Radrennvereins in der Zeit kurz nach dem Ersten Weltkrieg. Oben ganz rechts steht Georg Thumshirn

Pause bei einer Sportveranstaltung im Jahre 1923. Thumshirn in der Mitte und drei seiner Teamkollegen haben einen zusätzlichen Tank auf ihr Minimax-Modelle montiert

1922 fand dieses Rennen zum Gipfel des Feldbergs statt. Die bei den beiden Maschinen mitgeführten Extrareifen, die zusätzlichen Tanks und die Karbidlichtanlage zeigen, dass es sich hier um eine längere Distanz handelte

Diese Aufnahme entstand 1922 in Schweinfurt. Georg Thumshirn mit seiner Tochter sitzt auf dem dritten Motorrad von links

ge Zukunft haben sollte. Unbeirrt von dieser Tatsache sprach der damals 49-jährige Arno Dietrich den 26-jährigen Georg an und bot ihm an, mit in seine neue Firma einzusteigen. Natürlich stellte dies auch für Georg Thumshirn ein großes Risiko dar, doch mit der Versprechung, er würde bei Misslingen einen bezahlten sechswöchigen Urlaub bekommen, damit er sich wieder einen Job suchen könne, nahm Thumshirn die Gelegenheit war und wechselte in Dietrichs neugegründete Firma Ardie – zusammengesetzt aus den Anfangsbuchstaben seines Vor- und Zunamens (siehe dazu auch „Jahrbuch Motorräder 2001").

Arno Dietrich plante in seinem Motorenwerk Ardie, wie das Unternehmen offiziell hieß, komplette eigene Motorräder mit einem selbst entwickelten Motor anzufertigen. Die erste Konstruktion stammte auch von Arno Dietrich. Die Einzelanfertigung lief 1919 an und schon bald erwies sich Dietrichs Zweitaktkonstruktion als Erfolg. Der überraschende Erfolg dieser Konstruktion mag im simplen Aufbau des Motorrads gelegen haben, das wegen des länglich roten, runden Tanks sehr stark an die damaligen „Minimax"-Feuerlöscher erinnerte und deshalb auch diesen Spitznamen bekam. Dietrich war mit seinem Motorrad einer der ersten Anbieter auf dem bald boomenden Motorradmarkt.

Dietrich erkannte aber auch schon bald die Konkurrenz und musste sich erst noch am Markt behaupten. Ab 1920 prüfte man die Zuverlässigkeit der Maschinen auch bei Rennveranstaltungen. Als Fahrer bei diesen Zuverlässigkeitsveranstaltungen wurde Georg Thumshirn eingesetzt. Mit der „Minimax" bestritt er sein erstes Rennen beim „Bayerischen Motorradderby" 1920 in der 350er Klasse, das er gleich gewann. Das war der Grundstein für die Karriere eines der erfolgreichsten Nürnberger Rennfahrer der Vorkriegsära. Für Ardie ging es immer weiter bergauf, ab 1922 wurde die Minimax auf 300 cm^3 aufgebohrt, der Verkauf boomte weiterhin und neben Thumshirn fuhren noch weitere Rennfahrer wie Ebner, Bauernfeind, Bussinger und Islinger für Ardie in der 350-cm^3-Klasse. Ebenfalls für das Ardie-Werk fuhr zeitweise auch Georg Thumshirns Bruder Hans.

Doch schon damals kristallisierte sich Georg Thumshirn als der Beste von allen Ardie-Rennfahrern heraus. Georg Thumshirn fuhr mittlerweile nicht nur Zuverlässigkeitsfahrten, sondern bestritt auch Zementbahnrennen, die gerade in den zwanziger Jahren sehr beliebt waren. Er siegte auf der Opel-Bahn in Rüsselsheim, auf der Leipziger Zementbahn und auch auf der Nürnberger Zementbahn am „Reichelsdorfer Keller". 1924 konnte er auch das sehr werbewirksame AVUS-Rennen in Berlin gewinnen.

Neben diesen Zementbahnrennen fuhr er nach wie vor auch fast sämtliche Bergrennen und Zuverlässigkeitsfahrten und im Winter Eisrennen mit.

Ab 1925 baute Ardie, die mittlerweile eine etablierte Firma wurde, erstmals anstatt der bisherigen eigenen Zweitakter Viertaktmotoren der englischen Firma JAP ein. Mit dem 500-cm^3-TM 500, das einen seitengesteuerten Motor hatte, bestritt neben den anderen zahlreichen Rennfahrern natürlich auch Georg Thumshirn weiterhin Rennen.

Ebenfalls 1925 gewann er auch den JAP-Preis, eine Auszeichnung der englischen Motorenfirma für besondere Erfolge, die mit deren Motoren errungen wurden.

Georg Thumshirn nach seinem Sieg auf der AVUS-Rennstrecke in Berlin im Jahre 1924

Für Thumshirn reihte sich Erfolg an Erfolg. Er gewann unter anderem die Deutschlandfahrt 1925, die Ost-West-Fahrt 1926, den Industriepreis beim Solitude-Rennen 1925 sowie die 1000-cm³-solo-Klasse beim Solituderennen 1926. Dazu kommen noch die vielen Erfolge bei Bergrennen und Zementbahnrennen, daneben wurde er 1925/26 auch noch Bayerischer Bergmeister. Die größten Triumphe in seiner gesamten Laufbahn waren jedoch der Gewinn der ungarischen Tourist Trophy 1927 und der Gewinn der österreichischen Tourist Trophy in den Jahren 1926 und 1927. Bei diesen Veranstaltungen handelte es sich zu jener Zeit um werbeträchtige Veranstaltungen, die demzufolge auch mit hochkarätigen Fahrern besetzt waren, denn viele Firmen rechneten sich mit dem Gewinn einen weiteren Verkaufserfolg aus. Vor allem waren natürlich zahlreiche einheimische Fahrer am Start und es wurden diesen Veranstaltungen in der damaligen Presse sehr viel Platz gewidmet. Bei der österreichischen Tourist Trophy 1926 nahm Thumshirn mit einer 500er Ardie JAP teil.

Hier verabschiedet sich gerade der Tankdeckel an Thumshirns Maschine während der österreichischen Tourist Trophy 1926, das Benzin schwappt heraus. Mit der Startnummer 6 fährt Rupert Karner (Sunbeam) vor ihm

Am 30. Mai 1926 früh um Punkt 10 Uhr und 20 Minuten wurde der erste Fahrer ins Rennen geschickt und in Zehn-Sekunden-Abständen folgten die Nächsten. In der Seniorenklasse (bis 500 cm³) waren 13 Fahrer gemeldet und als Favoriten galten die Kämpen Kodric (A.J.S.), Michael Gayer (Chater-lea), Josef Swoboda (D-Rad), Reiter (L.A.G.), Karl Gall (New Gerrand) und Rupert Karner (Sunbeam). In der ersten Runde führt Kodric die Meute an, doch mit einer furiosen Aufholjagd rückt Rupert Karner immer mehr heran, obwohl er 50 Sekunden nach Kodric gestartet war; seine Sunbeam schien sehr gut zu laufen. Weitere zehn Sekunden danach wurde Thumshirn gestartet, doch auch er konnte sich geschickt nach vorne arbeiten und hing schon bald an Karners Hinterrad. Beide lieferten sich nun harte Duelle, was die dichtgedrängten Zuschauer in Begeisterung versetzte. An der Spitze hingegen fuhr Kodric die erste Runde in neuer Rekordzeit, an zweiter Stelle folgte mit 40 Sekunden Abstand Karner und danach mit einer Sekunde Abstand Thumshirn. Die zweite Runde brachte schon zu Beginn eine Zwangspause für Karner mit sich, denn er musste zum Zündkerzenwechsel sein Motorrad kurz abstellen, wodurch Thumshirn an die zweite Stelle vorrückte. Mit einer Minute Abstand durchfuhr Thumshirn hinter Kodric die zweite Runde. In der dritten Runde gab es in der Reihenfolge keinerlei Veränderungen, doch die Härte des Rennens wurde darin deutlich, dass an Kodrics A.J.S. die Zündkerzenelektroden bereits vor Hitze glühten, dennoch fuhr er weiter. Ab der vierten Runde wurde langsam aber sicher die Spreu vom Weizen

Szene vom Solituderennen 1925, Thumshirn gewinnt bei diesem Lauf den 1. Preis der Industrie

Zeitkontrolle für das Gespann mit Georg Thumshirn als Fahrer bei der Ost-West-Fahrt 1926

Mit Startnummer 22 wartet Thumshirn auf den Start zur ungarischen Tourist Trophy 1927

Abnahme seiner Ardie zur österreichischen Tourist Trophy 1927. Er steht daneben und begutachtet die Prozedur

Die Fahrer Putzger (25; Triumph), Möslacher (23; Sunbeam) und Thumshirn (11) warten auf die Freigabe zum Rennen der österreichischen Tourist Trophy 1927

Beim Freiburger Bergpreis (Schauinsland) belegte Georg Thumshirn mit der 1000er Ardie den ersten Platz

Nochmals die 1000er Ardie mit dem V-2-Zylinder-JAP-Motor beim Rennen auf dem zugefrorenen Eibsee 1929

Bei der Drei-Tage-Harz-Fahrt 1932 fahren Georg und seine Brüder Hans und Konrad jeweils die neuen Silberpfeilmodelle mit dem schönen Duralaluminiumrahmen

getrennt, denn lediglich die ersten drei lagen noch dicht beisammen. Die anderen elf Fahrer hatte schon ein paar Minuten Abstand auf das Trio, so dass sie ohne vorhergesehenes Ereignis nicht mehr in den Rennverlauf eingreifen konnten. Doch auch für Kodric gab es an der Spitze Probleme, denn er hatte sein Getriebe beschädigt, so dass er keinen ersten Gang mehr einlegen konnte. Er hielt sich dennoch tapfer vor Thumshirn, denn auch dieser hatte mit Schwierigkeiten zu kämpfen. Ihm löste sich der Tankdeckel und so spritze ihm ein Schwall Benzin direkt ins Gesicht. Wohl eher aus Reflex stoppte Thumshirn seine Ardie kurz und stopfte sein Taschentuch – welcher Rennfahrer hat heute noch ein Taschentuch im Rennen dabei?! – in die Tanköffnung und setzte seine Jagd auf Kodric weiter fort. Völlig unbeobachtet hatte sich mittlerweile Rupert Karner wieder an Thumshirn herangearbeitet und hing diesem nun am Hinterrad. In der fünften Runde konnte er nun auch Thumshirn überholen, wobei der Ardie-Fahrer mit weiteren technischen Problemen zu kämpfen hatte, denn sein Kupplungsseil war gerissen und er schaltete nun durch Betätigung des Unterbrecherknopfes. In der fünften Runde lagen die drei wieder eng beisammen, so dass noch immer keine Entscheidung für den Sieg gefallen war – es lagen noch weitere zwölf Runden vor den Fahrern. Die nächste Sensation ereignet sich in der achten Runde, denn nun führte Thumshirn zum ersten mal. Kodric war Zweiter und Karner war auf den vierten Platz abgerutscht. Doch Thumshirns Führung währte nur kurze Zeit, da er wieder von Kodric überholt wurde. Doch durch einen Fahrfehler kam Kodric zu Beginn der zehnten Runde zu Boden und Thumshirn übernahm wieder die Führung, die er sich nicht wieder abnehmen ließ. Kodric' Anstrengungen wurden auch in der dreizehnten Runde völlig zunichte gemacht, denn die Kette seines Zündmagnets war gerissen und er musste infolgedessen ausscheiden, auch Karner hatte wieder Zündkerzenprobleme. Doch das endgültige Aus für Karner kam erst, als ihn ein platter Reifen zur Aufgabe zwang. Auch der Ardie-Fahrer musste noch mal eine kurze Zwangspause einlegen, denn seine Hinterradachse hatte sich gelockert, dabei war das Rad verschoben worden und dadurch die Antriebskette gerissen. Thumshirn montierte nun eine mitgeführte Ersatzkette und setzte seine Fahrt fort. Mit einer Zeit von 3 Stunden 24 Minuten und 33 Sekunden kam er elf Minuten vor dem zweitplatzierten Niesner (Norton) ins Ziel und konnte damit seinen größten Erfolg feiern.

Georg Thumshirn konnte seinen Erfolg im Jahr

darauf wiederholen und gewann 1927 ebenfalls die nicht weniger berühmte ungarische Tourist Trophy. Diese drei Siege sind im nachhinein betrachtet die erfolgreichsten und bekanntesten Sporterfolge, die auf einer Ardie herausgefahren wurden.

Neben den Solomaschinen fuhr er auch bei Seitenwagenwettbewerben mit. Dazu verwendete er meistens ein extra für ihn angefertigtes Gespann mit 1000-cm³-JAP V-Motor, der mit 56 PS damals stärkste Motorradeinbaumotor. Zwar fuhr er auch in dieser Klasse sehr erfolgreich mit, doch beim Rennen am Zierler Berg im Jahre 1929 stürzte er mit dem Gespann sehr schwer. Dieser Sturz mag wohl auch mit entscheidend gewesen sein, dass er sich von den reinen Geschwindigkeitsrennen abwandte und sich wieder mehr dem Zuverlässigkeitssport widmete. Mit den wunderschönen Duralaluminiummodellen nahm er zusammen mit seinen beiden Brüdern Hans und Konrad an verschiedenen Renommierveranstaltungen in Deutschland, wie der schweren Drei-Tage-Harzfahrt, teil.

Ab dem Jahre 1933 stellte er seine sportlichen Aktivitäten ein und übernahm ab 1934 die Ardie-Vertretung von Karl Diller, der in die Geschäftsleitung von Ardie aufstieg. Doch Georg Thumshirn war für das harte Wirtschaftsleben zu gutmütig und so reparierte er die Motorräder meist auf Freundschaftsbasis und verlangte nahezu kein Geld dafür. Dass er dadurch keine vollen Kassen bekam, merkte er recht bald. Deshalb veräußerte er das Geschäft bald wieder, ging zu seinem alten Arbeitgeber Ardie zurück und arbeitet dort in der Werkstatt.

Als Fazit seiner Rennsportkarriere konnte Georg Thumshirn auf 31 erste Plätze, fünf aufgestellte Rekorde und fünf Goldmedaillen zurückblicken. Wer aber gedacht hatte, für Georg Thumshirn wäre der Sport nun für immer passé, der hatte sich getäuscht.

Als der Zweite Weltkrieg vorüber war und die Motorradindustrie wieder die Produktion aufnahm, arbeite auch Georg Thumshirn wieder in der Ardiewerkstatt und war zu dieser Zeit das große Vorbild für die jungen sportbegeisterten Privatfahrer, die von Ardie unterstützt wurden. Dass er allerdings auch selbst noch fahren konnte, bewies er 1952 bei der Deutschlandfahrt. Im Alter von 59 Jahren nahm er mit einer Ardie B 251 teil und fuhr eine Bronzemedaille heraus. Allerdings hatte er die goldene Medaille nicht durch fahrerisches Missgeschick verspielt, sondern durch einen 14-maligen Zündkerzenwechsel! Doch auch so wurde diese Leistung des

Während der Kontrolleur die Zeitkarte stempelt wartet Thumshirn auf der wuchtigen 500er Silberpfeil (Drei-Tage-Harz-Fahrt 1932)

Nach der Deutschlandfahrt 1952 wurde dieses Photo geschossen – in der Mitte Georg Thumshirn mit Werner Haas

Die letzte, sechs Wochen vor seinem Tod entstandene, Aufnahme

ältesten Teilnehmers hoch angerechnet. Dies war aber definitiv seine letzte aktive Sportveranstaltung und fortan widmete er sich der Betreuung der Nachwuchssportler. Vor allem für den jungen Augsburger Werner Haas hatte er große Sympathien übrig und lehrte ihm die ersten Kniffe des Geländesports, indem er mit ihm zusammen auf dem Nürnberger Schmausenbuck trainierte. Werner Haas wurde über den Augsburger Ardiehändler Wiedemann dem Werk empfohlen und fuhr einige Geländeveranstaltungen sowie die Deutschlandfahrt 1952 für das Nürnberger Werk, ehe ihn NSU abwarb und er mit den Neckarsulmern dreifacher Straßenweltmeister in der 250er Klasse wurde.

Georg Thumshirn, der ein leidenschaftlicher Zigarrenraucher und ein vernarrter Motorradfahrer war – er sah das Autofahren als verweichlicht an – begleitete ab 1954 das neugegründete Werksteam mit den Fahrern Karl Augustin, Heinrich Gollwitzer, Gernot Leistner und Lorenz Specht zusammen mit den Motorrädern zu den Geländeveranstaltungen. Bei der Heimfahrt von einer Sportveranstaltung in der Rhön am 22. August 1955 wurde der 62-Jährige beim Abbiegen auf eine Hauptstraße von einem herannahenden Traktorfahrer übersehen. Während dem Traktorfahrer nichts passierte stürzte Thumshirn so unglücklich, dass er noch auf der Stelle verstarb.

Weitere empfehlenswerte Bücher des Podszun-Verlags

Fordern Sie kostenlos und völlig unverbindlich unseren neuen Prospekt an mit Büchern über:

- Lastwagen
- Motorräder
- Autos
- Traktoren
- Feuerwehrfahrzeuge
- Lokomotiven
- Baumaschinen

Verlag Podszun-Motorbücher
Postfach 1525
D-59918 Brilon
Fax 02961 / 2508

110 Seiten, ISBN 3-923448-79-1
28 x 21 cm, fester Einband
EUR 19,90

102 Seiten, ISBN 3-86133-210-8
28 x 21 cm, fester Einband
EUR 19,90

144 Seiten, ISBN 3-86133-136-5
28 x 21 cm, fester Einband
EUR 19,90

144 Seiten, ISBN 3-86133-244-2
28 x 21 cm, fester Einband
EUR 19,90

144 Seiten, ISBN 3-86133-169-1
28 x 21 cm, fester Einband
EUR 19,90

144 Seiten, ISBN 3-923448-22-8
28 x 21 cm, fester Einband
EUR 34,90

144 Seiten, ISBN 3-86133-276-0
28 x 21 cm, fester Einband
EUR 19,90

144 Seiten, ISBN 3-86133-209-4
28 x 21 cm, fester Einband
EUR 19,90

144 Seiten, ISBN 3-86133-271-X
28 x 21 cm, fester Einband
EUR 19,90

144 Seiten, ISBN 3-86133-262-0
28 x 21 cm, fester Einband
EUR 19,90

144 Seiten, ISBN 3-86133-299-X
28 x 21 cm, fester Einband
EUR 19,90

Eine Hummel schwebt vorüber..........
kess und leise wie ein Kuss/
Hingerissen stehn die Knaben
rechts und links am Strassengraben
wo man leider gehen muss/
(mangels Masse Soll und Haben)
Aber jetzo sind die Knaben
himmelhoch bei dem Entschluss:
KAYAU
DKW Hummel
DKW
AUTO UNION
DKW
Eine Hummel muss ich haben!
DAS ERSTE DEUTSCHE DREIGANG-MOPED